STARK in KLASSENARBEITEN

Brüche und Dezimalzahlen

Steffi Hultsch

5.–8. Klasse

STARK

ISBN 978-3-86668-906-0

Inhaltsverzeichnis

Vorwort

So arbeitest du mit diesem Buch

Bruchzahlen **1**

1 Einfache Brüche 2
2 Bruchzahlen 3
3 Unechte Brüche und gemischte Zahlen 5
4 Brüche auf der Zahlengeraden 9
5 Erweitern und Kürzen von Brüchen 12
6 Vergleichen und Ordnen von Brüchen 19

Test 1 25

Rechnen mit Brüchen **27**

1 Addition und Subtraktion von Brüchen 28
2 Multiplikation von Brüchen 34
3 Division von Brüchen 37
Verbindung der vier Grundrechenarten – Vermischte Aufgaben 39

Test 2 41

Dezimalzahlen **43**

1 Dezimalzahlen bzw. Dezimalbrüche 44
2 Periodische Dezimalzahlen 50
3 Vergleichen und Ordnen von Dezimalzahlen 53
4 Runden von Dezimalzahlen 55

Test 3 57

Rechnen mit Dezimalzahlen **59**

1 Addition und Subtraktion von Dezimalzahlen 60
2 Multiplikation von Dezimalzahlen 62
3 Division durch eine ganze Zahl 65
4 Division durch eine Dezimalzahl 67
Verbindung der vier Grundrechenarten – Vermischte Aufgaben 68

Test 4 69

Fortsetzung nächste Seite

Auf einen Blick!

Inhaltsverzeichnis

Prozentzahlen und vermischtes Rechnen **71**

1 Vom Bruch zur Prozentzahl 72

2 Mit Bruch, Dezimalzahl und Prozent rechnen 74

Test 5 77

Lösungen **79**

Autorin: Steffi Hultsch

Vorwort

Liebe Schülerin, lieber Schüler,

Brüche, Dezimalzahlen und Prozentangaben begegnen dir sowohl in der Schule als auch beim Einkaufen, bei Gewichtsangaben, beim Kochen und Backen und vielem mehr. Der richtige Umgang mit diesen Zahlen ist nicht nur in Mathematik gefragt, sondern auch in Schulfächern wie Physik und Chemie. Zudem wird dein Wissen über Brüche und Dezimalzahlen immer wieder aufs Neue in **Klassenarbeiten** direkt oder indirekt abgefragt. Daher ist es wichtig, dass du das Rechnen mit diesen Zahlen sicher beherrschst.

Das vorliegende Buch hilft dir, dein Wissen in diesem Zahlenbereich zu **vertiefen** und zu **testen**.

- Übersichtliche **Schritt-für-Schritt-Erklärungen** vermitteln die Lerninhalte so, dass du sie wirklich verstehst und auch anwenden kannst.
- Zahlreiche **Aufgaben** helfen dir dabei, den neu gelernten Stoff zu festigen.
- **Tests** zur Selbstüberprüfung geben einen Überblick über deinen aktuellen Leistungsstand.
- Ausführliche **Lösungsvorschläge** sorgen dafür, dass du deine Rechenwege selbstständig kontrollieren und verbessern kannst.

Du wirst sehen, wenn du parallel zum Unterricht mit diesem Buch übst, wird dir das Thema Brüche und Dezimalzahlen schon bald viel leichter fallen und du kannst **stark in** deine nächste **Klassenarbeit** gehen!

Viel Erfolg wünsche ich dir bei deinen Klassenarbeiten!

Steffi Hultsch

So arbeitest du mit diesem Buch

Jedes Kapitel in diesem Buch ist wie folgt aufgebaut:

- Wichtige Begriffe werden in **Wissenskästen** erklärt und im Anschluss durch anschauliche Beispiele verdeutlicht. Lies dir die Erklärungen und Rechnungen gut durch, damit du die folgenden Aufgaben selbstständig lösen kannst.
- Um dein Wissen zu sichern, stehen dir auf den folgenden Seiten zahlreiche **Aufgaben** zur Verfügung.

  Die Eule gibt dir an einigen Stellen **Tipps**, die dir bei der Lösung helfen. Lies sie am besten erst, wenn du alleine nicht weiterkommst.

  5 Besonders **knifflige** Aufgaben sind mit einem Stern gekennzeichnet. Lass dich nicht entmutigen, wenn du sie nicht auf Anhieb lösen kannst.

- Nachdem du ein großes Kapitel durchgearbeitet hast, kannst du dich an den zugehörigen **Test** zur Überprüfung deines Leistungsstandes wagen. Aufgaben wie hier können dir auch in deiner nächsten Klassenarbeit begegnen. Versuche daher, den Test in der vorgegebenen Zeit und ohne weitere Hilfsmittel zu lösen. Die Punkteverteilung zeigt dir, wie gut du das Thema beherrschst:

  Du bist in diesem Themenbereich fit, gehe zum nächsten Kapitel über.

  Es sitzt noch nicht alles, wiederhole die für dich schwierigen Themen.

  Du hast noch größere Lücken, schaue dir alle Wissenskästen erneut an und arbeite die Aufgaben dazu noch einmal durch.

- Am Ende des Buches findest du zu allen Aufgaben ausführlich vorgerechnete **Lösungen**, mit denen du deine Ergebnisse überprüfen kannst. Versuche aber immer erst, die Aufgaben eigenständig zu bearbeiten, denn nur wenn du sie selbst rechnest, bleibt dir die Vorgehensweise im Gedächtnis. Danach solltest du deine Ergebnisse aber auf jeden Fall mit denen im Buch vergleichen, damit du siehst, ob dein Lösungsansatz richtig war.

Hier kannst du eintragen, wie gut du bei den Tests zu den einzelnen Kapiteln abgeschnitten hast. Auf diese Weise behältst du immer den **Überblick** über deinen aktuellen Leistungsstand.

Testergebnisse			
1 Bruchzahlen			
2 Rechnen mit Brüchen			
3 Dezimalzahlen			
4 Rechnen mit Dezimalzahlen			
5 Prozentzahlen und vermischtes Rechnen			

Bruchzahlen

Kennst du schon ein paar Bruchzahlen?
Schreibe auf und unter den Bruchstrich.

Eine halbe Limette sieht als Bruch wie folgt aus:

___ Limette

Es sind 45 Minuten vergangen. Das ist eine

___ Stunde.

75 % ist in der Bruchschreibweise:

___

1 Einfache Brüche

Du hast bestimmt selbst schon Ausdrücke wie „ein Viertelliter Milch“ oder „ein halbes Kilogramm Äpfel“ benutzt. Diese Angaben sind nichts anderes als Brüche.

ein Viertelliter = $\frac{1}{4}\,\ell$

ein halbes Kilogramm = $\frac{1}{2}$ kg

Wenn man das Wort „Brüche“ hört, denkt man meist zuerst an die „Zähler-Bruchstrich-Nenner“-Schreibweise. Doch zu den Brüchen gehören neben diesen Bruchzahlen beispielsweise auch Dezimalbrüche bzw. Dezimalzahlen.

Die folgende Tabelle zeigt ein paar Brüche, die dir im Alltag immer wieder begegnen. Oft findest du statt der Bruchschreibweise auch nur die entsprechende Angabe als Prozentzahl. Gerade wenn Kleidung reduziert ist, steht auf dem Preisschild nicht „um $\frac{1}{4}$ reduziert“, sondern „um 25 % reduziert“.

Bilder	Bruchzahl	Dezimalzahl	Prozentzahl
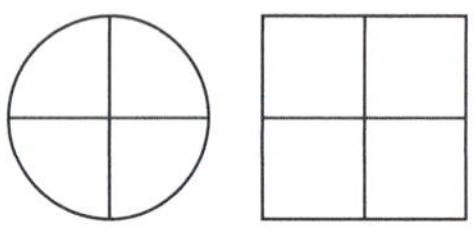	$\frac{0}{1}$	0	0 %
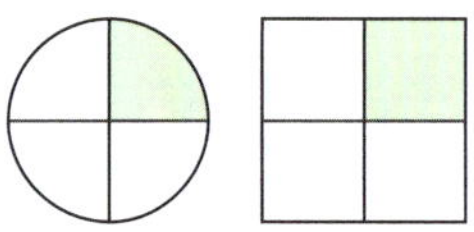	$\frac{1}{4}$	0,25	25 %
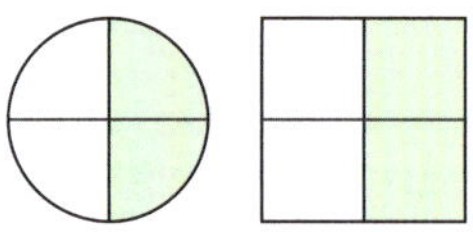	$\frac{1}{2}$	0,5	50 %
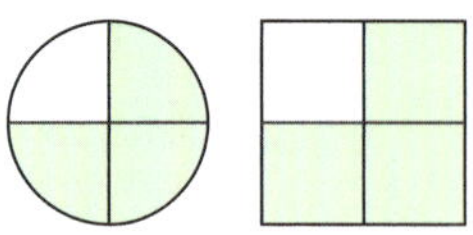	$\frac{3}{4}$	0,75	75 %
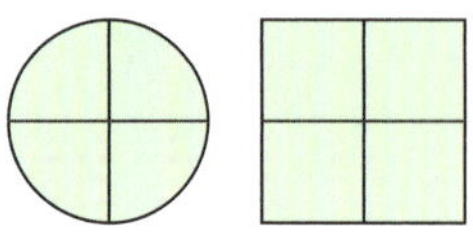	$\frac{1}{1}$	1	100 %

2 Bruchzahlen

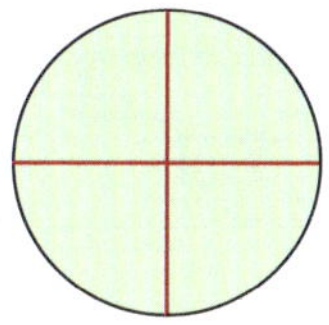

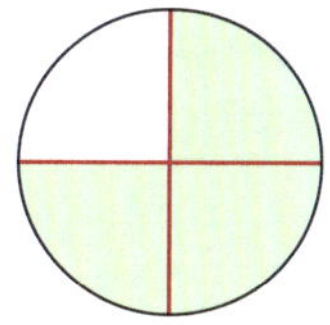

Links siehst du einen Kreis, der ganz gefärbt ist und insgesamt aus 4 farbigen gleich großen Stücken besteht. **Das Ganze wurde in 4 Stücke zerlegt.**

↓

Nenner: 4

Rechts siehst du einen Kreis, bei dem nur 3 der 4 Stücke gefärbt sind. Also sind nur **3 Stücke des Ganzen** gefärbt.

↓

Zähler: 3

WISSEN

Bruchzahlen bzw. gemeine Brüche

Bruchzahlen bzw. gemeine Brüche sind Brüche der folgenden Form:

$\frac{a}{b}$ — a → **Zähler**; Strich → **Bruchstrich**; b → **Nenner**

- Der **Nenner** gibt an, in wie viele gleich große Teile das Ganze zerlegt wird. Im Nenner darf nie die 0 stehen.
- Der **Zähler** gibt an, wie viele solcher Teile vorhanden sind.

BEISPIEL

a Eine Tafel Schokolade besteht aus 24 gleich großen Stückchen. Moni gibt ihrer kleinen Schwester Lucy davon 2 Stückchen ab. Lucy hat dann 2 von 24 Stückchen, also $\frac{2}{24}$ der ganzen Schokoladentafel.

b Färbe in einem beliebigen Rechteck $\frac{7}{8}$ der Fläche grün.

Lösung:

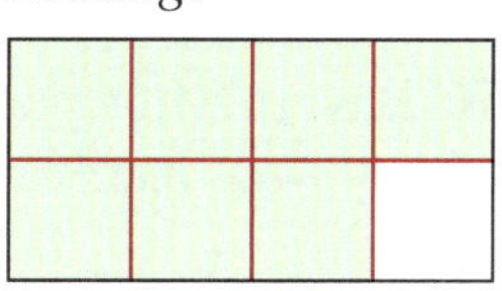

Zerteile das Rechteck in **8 gleich große Stücke** und **färbe 7** davon.

Vertiefe dein Wissen!

1 Gib an, welcher Bruchteil grün und welcher gar nicht gefärbt – also weiß – ist.

a 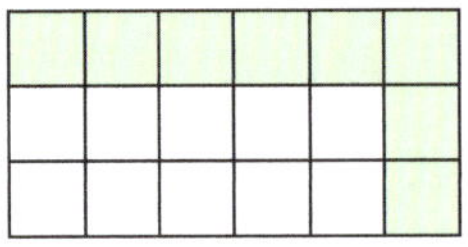

b 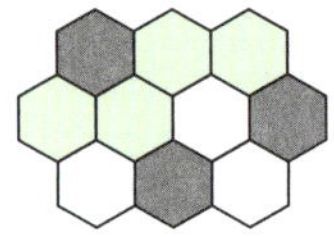

2 Färbe den angegebenen Bruchteil ein.

a $\frac{2}{5}$ 

b $\frac{3}{4}$ 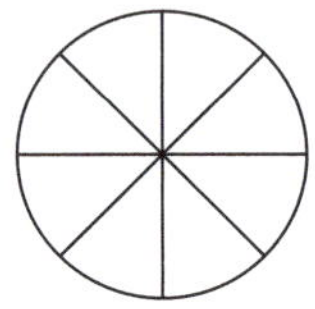

3 Gib jeweils den Bruchteil an, der Ricardo noch bleibt.

TIPP
Von welcher Gesamtmenge gehst du aus?

a Ricardo hat 2 Tafeln Schokolade, die je aus 20 gleich großen Stückchen bestehen. Seinem Vater gibt er davon 4, seiner Mutter 8 und seinem Bruder 5.

b Von den 3 Kisten mit je 6 Flaschen Apfelsaft werden auf der Geburtstagsparty 11 Flaschen getrunken.

c Aus 2 Keksdosen mit jeweils 12 Keksen gibt Ricardo seinem Freund Paul 5 Stück und seinen Freunden Franz und Andy je 2 weniger als Paul.

4 Umrande den gesuchten Bruchteil und gib an, welcher Bruchteil übrig bleibt.

a $\frac{5}{8}$ 

b $\frac{3}{10}$ 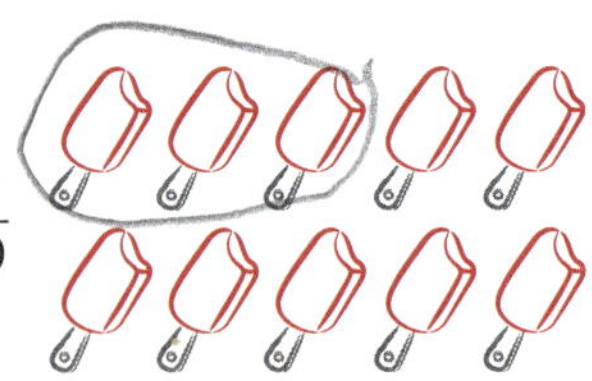

c $\frac{1}{4}$ 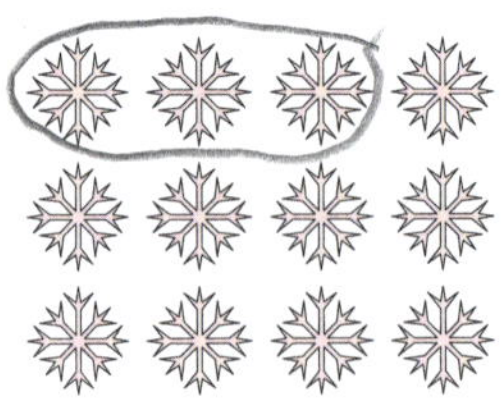

d $\frac{2}{5}$ 

5 In der Bundesligasaison 2012/13 hat der FC Bayern München 29 Siege errungen. Stelle die Siege als Anteil an allen Spielen der Saison dar.

3 Unechte Brüche und gemischte Zahlen

Ein Bruch kann als **Ergebnis einer Division** verstanden werden. Damit erhält der **Bruchstrich** auch eine Bedeutung: Er heißt so viel wie **„geteilt durch"**. Beachte dabei, dass Brüche **auch negativ** sein können.

- 2 geteilt durch 1 ist 2 bzw. $\frac{2}{1} = 2 : 1 = 2$
- –4 geteilt durch 2 ist –2 bzw. $-\frac{4}{2} = -4 : 2 = -2$
- 12 geteilt durch 4 ist 3 bzw. $\frac{12}{4} = 12 : 4 = 3$

WISSEN

Jede ganze Zahl lässt sich **als Bruch** schreiben. Der **Zähler** ist dabei immer ein **Vielfaches des Nenners**.

BEISPIEL

a $\frac{9}{3} = 9 : 3 = 3$

Stelle dir 3 gleiche Kuchen vor, die du je in 3 gleich große Teile geschnitten hast:

Diese **9 Drittel** ergeben zusammen **3 Ganze**.

b Schreibe die ganze Zahl –4 als Bruch mit Nenner 16.

Lösung:

$-4 = -\frac{64}{16}$

16 gleich große **Teile** ergeben zusammen **1 Ganzes**. Also müssen **4 · 16 = 64** gleich große Teile zusammen 4 Ganze ergeben.

6 Kreuze an, welche Brüche die natürliche Zahl 7 darstellen.

☒ $\frac{14}{2}$ ☐ $\frac{20}{2}$ ☒ $\frac{35}{5}$ ☒ $\frac{21}{3}$ ☐ $\frac{70}{7}$ ☒ $\frac{77}{11}$

7 Gib sowohl für die Zahl 8 als auch für die Zahl –9 jeweils drei verschiedene Bruchdarstellungen an.

Vertiefe dein Wissen!

Im Zähler und im Nenner eines Bruches können alle möglichen ganzen Zahlen stehen (nur darf nicht die 0 im Nenner stehen). Die Division von Zähler durch Nenner muss dabei nicht immer eine ganze Zahl ergeben. Unterschieden werden hierbei:

WISSEN

Echte und unechte Brüche

- Ein Bruch, bei dem der **Zähler kleiner** ist als der **Nenner**, heißt **echter Bruch**. Sein Wert ist vom Betrag her kleiner 1.
- Ein Bruch, bei dem der **Zähler größer als oder gleich dem Nenner** ist, heißt **unechter Bruch**. Sein Wert ist vom Betrag her größer oder gleich 1.

BEISPIEL

a Echte Brüche: $\frac{1}{2}, -\frac{3}{4}, \frac{9}{11}, \ldots$ Zähler **kleiner** Nenner

b Unechte Brüche: $\frac{11}{9}, \frac{7}{3}, \frac{6}{2}, -\frac{4}{4}, \ldots$ Zähler **größer/gleich** Nenner

8 Schreibe die Brüche in die passende Spalte.

echter Bruch	unechter Bruch	natürliche Zahl

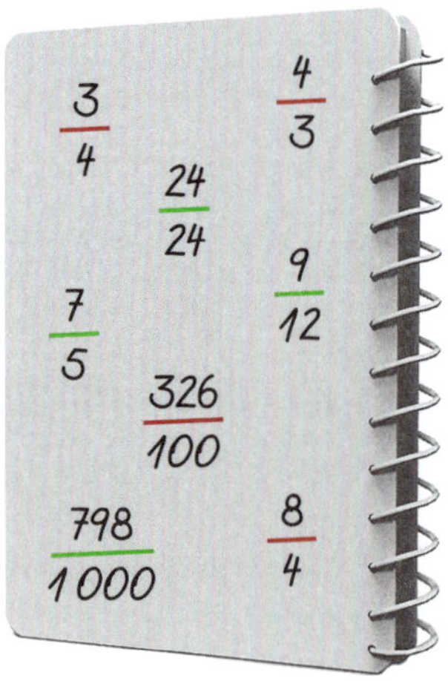

TIPP
Ein Bruch kann auch in 2 Spalten stehen.

9 Welche natürlichen Zahlen ≠ 0 werden von den Tintenklecksen verdeckt, wenn dort ursprünglich echte Brüche standen? Beachte, dass bei jedem Bruch unter dem Tintenklecks viele verschiedene Werte gestanden haben können. Finde sie alle.

a $\frac{\quad}{4}$

b $\frac{\quad}{12}$

c $\frac{\quad}{25}$

d $-\frac{5}{\quad}$

Vertiefe dein Wissen!

Mia bereitet alles für ihre Geburtstagsfeier vor und braucht für ihren Salat noch ein passendes Dressing. In ihrem Rezept steht:

WISSEN

Gemischte Zahlen bestehen aus einer **ganzen Zahl und einem echten Bruch**. Jede gemischte Zahl kann man auch als unechten Bruch schreiben und umgekehrt.

BEISPIEL

a Gemischte Zahlen sind z. B.:
$3\frac{1}{4}$, $2\frac{3}{7}$ und $-1\frac{3}{5}$

Aufgepasst! – Verwechsle eine gemischte Zahl nicht mit einer Multiplikationsaufgabe.
$3\frac{1}{4}$ bedeutet $3+\frac{1}{4}$ und nicht $3\cdot\frac{1}{4}$.
$-1\frac{3}{5}$ bedeutet $-\left(1+\frac{3}{5}\right)$.

b Stelle $2\frac{2}{5}$ anschaulich mithilfe von Kreisen dar.

Lösung:

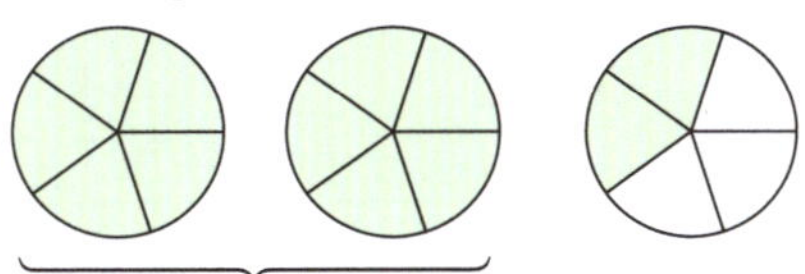

c Wandle $\frac{9}{5}$ in eine gemischte Zahl und $4\frac{1}{3}$ in einen unechten Bruch um.

Lösung:

$$\frac{9}{5}=\frac{5}{5}+\frac{4}{5}=1+\frac{4}{5}=1\frac{4}{5}$$

Beim **ersten Bruch** soll der **Zähler** ein **Vielfaches des Nenners** sein.

$$4\frac{1}{3}=4+\frac{1}{3}=\frac{12}{3}+\frac{1}{3}=\frac{13}{3}$$

Wandle die ganze Zahl 4 in einen **Bruch mit Nenner 3** um. Addiere die beiden Zähler.

10 Schreibe die passende gemischte Zahl unter das Bild.

a

______ Äpfel

b

______ Kokosnüsse

TIPP
Wie viele Cent hat 1 €, wie viele Minuten 1 Stunde?

c

______ €

d

30 min + 40 min

______ Stunden

11 Färbe die Figuren passend ein.

a

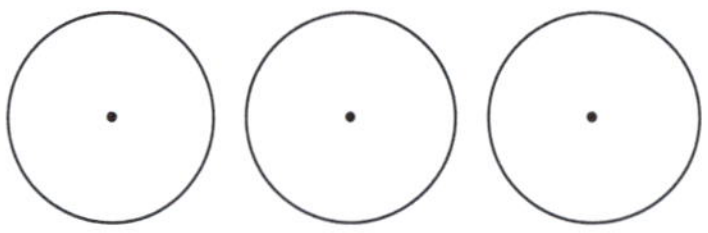

$1\frac{3}{4}$

b

$2\frac{7}{8}$

c

$\frac{8}{3}$

d

$1\frac{3}{8}$

12 Wandle die unechten Brüche in gemischte Zahlen um.

a $\frac{12}{5}$

b $-\frac{51}{18}$

c $\frac{136}{13}$

d $\frac{589}{9}$

e $-\frac{306}{17}$

f $\frac{200}{22}$

Vertiefe dein Wissen!

13 Wandle in einen unechten Bruch um.

a $2\frac{1}{5}$

b $7\frac{4}{9}$

c $3\frac{7}{11}$

d $-5\frac{6}{7}$

e $12\frac{2}{3}$

f $-9\frac{12}{13}$

14 Verbinde die Zahlen miteinander, die vom Wert her gleich sind.

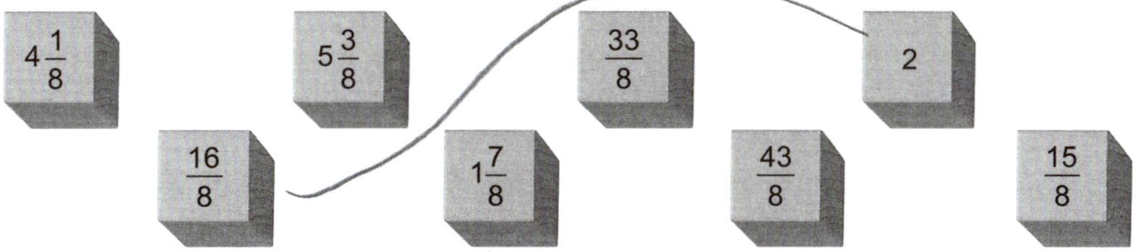

4 Brüche auf der Zahlengeraden

Tim erklärt seiner jüngeren Schwester Katleen:
„$\frac{1}{2}$ ist kleiner als $\frac{3}{4}$. Das kannst du dir am Zahlenstrahl verdeutlichen. Zeichne dazu einen Zahlenstrahl und teile die Strecke von 0 bis 1 einmal in zwei gleich große Teile und einmal in vier gleich große Teile. Der Zähler jedes Bruches verrät dir, wie viele Teile du von 0 aus jeweils **nach rechts** gehen musst. Schau hier:

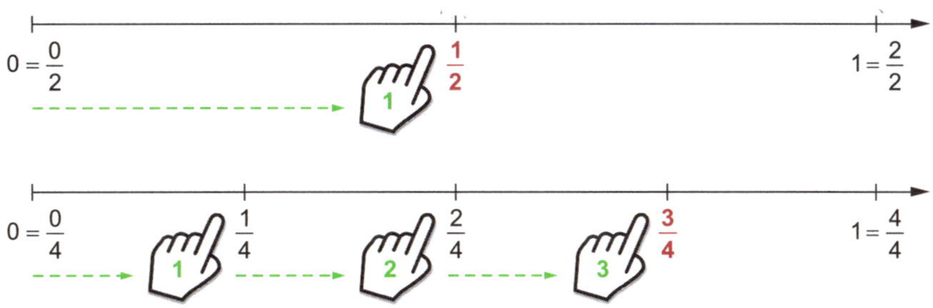

$\frac{1}{2}$ liegt **links von** $\frac{3}{4}$ und ist daher **kleiner** als $\frac{3}{4}$. Aber pass auf, wenn du stattdessen die negativen Brüche $-\frac{1}{2}$ und $-\frac{3}{4}$ betrachtest."

Katleen ist verwirrt: „Was meinst du damit?"
„Erweitere doch den Zahlenstrahl zur Zahlengeraden, betrachte also auch alle Zahlen, die links von der 0 liegen, d. h. alle negativen Zahlen. Dann siehst du es", antwortet Tim und malt Folgendes:

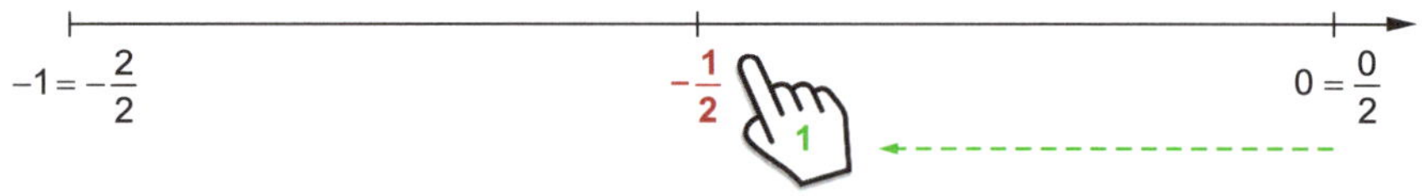

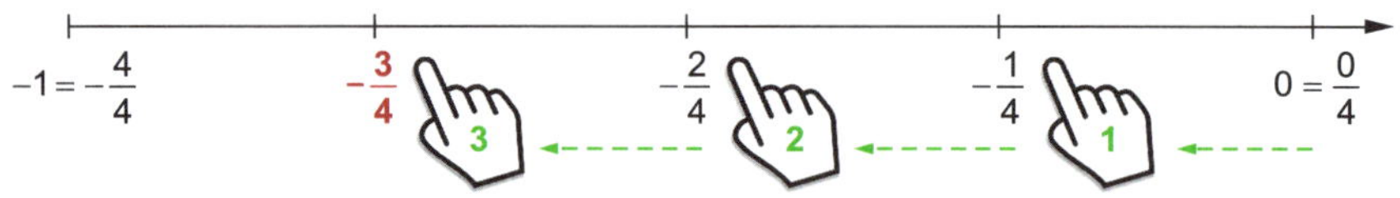

„In diesem Fall bist du von der 0 aus **nach links** gegangen. Da $-\frac{1}{2}$ **rechts von** $-\frac{3}{4}$ liegt, ist $-\frac{1}{2}$ **größer** als $-\frac{3}{4}$."
Katleen runzelt die Stirn und fragt: „Und was ist dann zum Beispiel mit Brüchen, die größer als 1 sind, also so was wie $1\frac{1}{2}$? Wie zeichnest du das?"

WISSEN

Brüche auf der Zahlengeraden

- Echte Brüche
  - Der Nenner gibt an, in wie viele Teile die Strecke von 0 bis 1 (bzw. die Strecke von –1 bis 0) geteilt wird.
  - Der Zähler gibt an, wie viele Teile du von 0 aus nach rechts (bzw. links) gehen musst.
- Unechte Brüche bzw. gemischte Zahlen
  - Schreibe den Bruch als gemischte Zahl. Gehe von der 0 aus so weit nach rechts (bzw. links), wie es die Ganzen angeben.
  - Teile dann die Strecke zwischen dieser ganzen und der nächsten ganzen Zahl in so viele Teile, wie es der Nenner des echten Bruches angibt.
  - Gehe so viele Teile nach rechts (bzw. links) weiter, wie der Zähler des echten Bruches angibt.

Je weiter rechts ein Bruch auf der Zahlengeraden liegt, **desto größer** ist er.

BEISPIEL

a Stelle $\frac{2}{3}$ auf dem Zahlenstrahl dar.

Lösung:

Die Strecke von 0 bis 1 wird in 3 gleich lange Teile geteilt. Von 0 aus geht man 2 Teile nach rechts.

b Stelle $-1\frac{2}{5}$ und $\frac{5}{2}$ auf der Zahlengeraden dar.

Lösung:

$\frac{5}{2} = \frac{4}{2} + \frac{1}{2} = 2 + \frac{1}{2} = 2\frac{1}{2}$ Umwandlung in gemischte Zahl

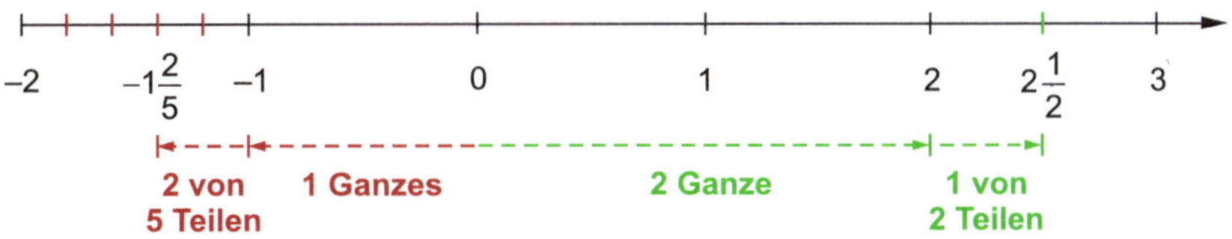

15 Schreibe die passenden Brüche in die Felder.

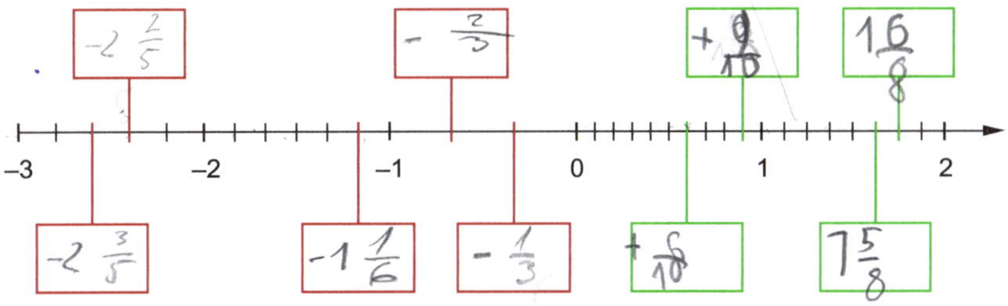

16 Kennzeichne folgende Brüche auf einer Zahlengeraden.

TIPP
Wähle jeweils einen geeigneten Maßstab.

a $-\frac{1}{2}$, $\frac{1}{3}$, $-2\frac{2}{3}$, $\frac{1}{6}$, $-1\frac{7}{12}$, $-1\frac{5}{12}$, $\frac{2}{3}$

b $\frac{2}{8}$, $\frac{11}{8}$, $\frac{3}{4}$, $-\frac{4}{8}$, $-1\frac{1}{4}$, $\frac{2}{4}$, $-\frac{3}{4}$

17 Entscheide mithilfe von Zahlengeraden, welcher Bruch der kleinere ist.

a $\frac{5}{12}$ oder $\frac{3}{8}$

b $-1\frac{4}{10}$ oder $-1\frac{3}{5}$

c $\frac{8}{3}$ oder $\frac{9}{4}$

d $\frac{27}{4}$ oder $6\frac{4}{5}$

18 Gib die Zahlen a bis f als Bruchzahlen an.

5 Erweitern und Kürzen von Brüchen

Jonas teilt seine Apfelsine in etwa 12 annähernd gleich große Stücke. Eine ganze Apfelsine ist also genauso viel wie 12 Stückchen:

$$1 \text{ Apfelsine} = \frac{12}{12} \text{ Apfelsine}$$

Isst Jonas die Hälfte, also 6 Stückchen, so bleiben eine halbe Apfelsine bzw. 6 Stückchen übrig.

$$\frac{1}{2} \text{ Apfelsine} = \frac{6}{12} \text{ Apfelsine}$$

Zeichnest du die Brüche $\frac{1}{2}$ und $\frac{6}{12}$ auf dem Zahlenstrahl ein, stellst du fest, dass ihnen derselbe Punkt zugeordnet wird.

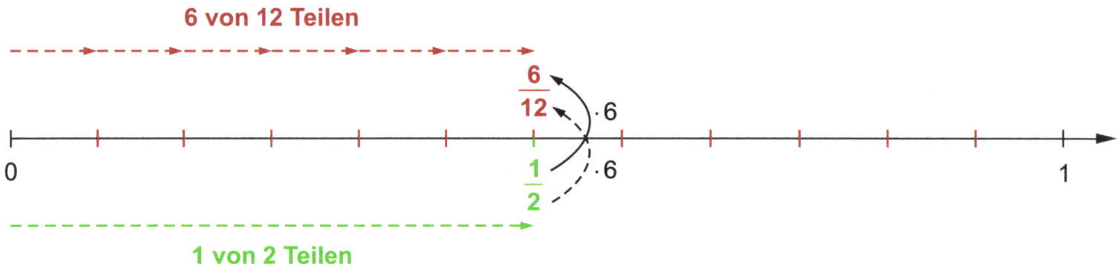

Auch wenn du die Brüche mit einer geometrischen Figur veranschaulichst, siehst du, dass jeweils die gleiche Fläche farbig ist.

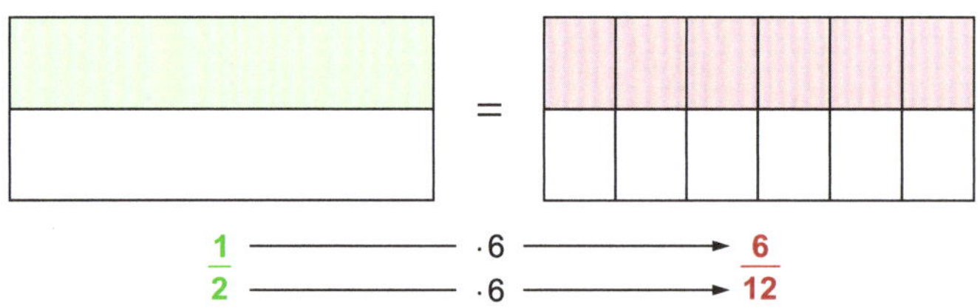

WISSEN

Erweitern eines Bruches

- Zähler und Nenner werden mit der gleichen natürlichen Zahl n ($\neq 0$) multipliziert. Die Zahl n heißt **Erweiterungsfaktor**.
- $\frac{a}{b} = \frac{a \cdot \mathbf{n}}{b \cdot \mathbf{n}}$ $(b \neq 0, n \neq 0)$
- Der **Wert** eines Bruches bleibt beim Erweitern **unverändert**.

Vertiefe dein Wissen!

BEISPIEL

a Erweitere $\frac{1}{2}$ mit 5.

Lösung:

$$\frac{1}{2} = \frac{1 \cdot 5}{2 \cdot 5} = \frac{5}{10}$$

b Erweitere $1\frac{3}{4}$ mit 3.

Lösungsweg 1:

$$1\frac{3}{4} = \frac{7}{4} = \frac{7 \cdot 3}{4 \cdot 3} = \frac{21}{12} = 1\frac{9}{12}$$

mit Umwandlung in **unechten Bruch**

Lösungsweg 2:

$$1\frac{3}{4} = 1\frac{3 \cdot 3}{4 \cdot 3} = 1\frac{9}{12}$$

ohne vorherige **Umwandlung** in unechten Bruch

19 Erweitere mit der angegebenen Zahl.

a $\frac{6}{7}$ mit 4

b $\frac{1}{2}$ mit 18

c $2\frac{3}{5}$ mit 3

d $20\frac{1}{2}$ mit 11

20 Fülle die Tabelle aus.

Bruch	Erweitern			
	mit 2	mit 3	mit 10	mit 25
$\frac{3}{4}$				
$\frac{6}{13}$				
$-\frac{8}{15}$				

21 Gib an, mit welcher Zahl erweitert worden ist.

a $\frac{12}{7} = \frac{180}{105}$ mit: ______

b $1\frac{6}{11} = \frac{204}{132}$ mit: ______

c $\frac{9}{4} = \frac{540}{240}$ mit: ______

d $3\frac{1}{15} = \frac{368}{120}$ mit: ______

Vertiefe dein Wissen!

22 Trage die Zahlen wieder ein, die beim Erweitern versehentlich verwischt wurden.

a $\frac{\;}{18} = \frac{91}{234}$

b $\frac{2}{\;} = \frac{38}{133}$

c $\frac{13}{80} = \frac{65}{\;}$

d $\frac{17}{21} = \frac{\;}{441}$

23 Bei der Darstellung wurde erweitert. Stelle die passende Rechnung auf.

a 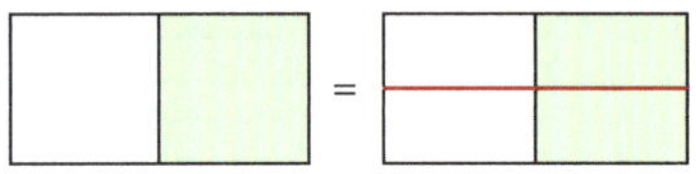

b 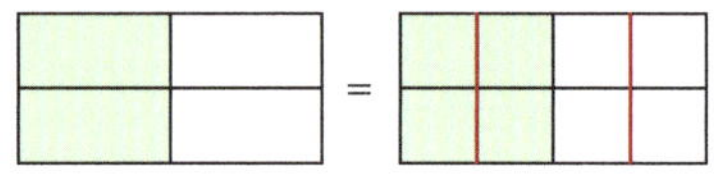

c 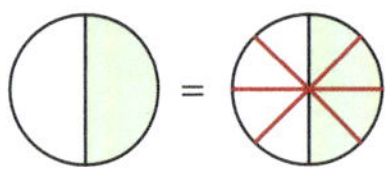

d 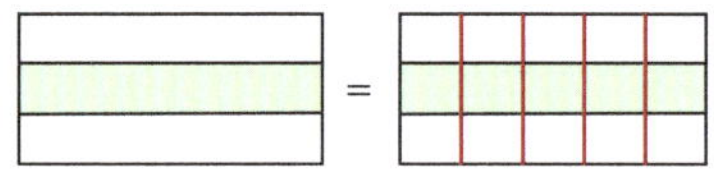

24 Erweitere alle Brüche auf den Nenner 48.

a $\frac{2}{3}$

b $\frac{9}{12}$

c $\frac{7}{4}$

d $\frac{23}{24}$

25 Ist die Rechnung richtig? Bestimme, falls möglich, den Erweiterungsfaktor.

Rechnung	$\frac{12}{7} = \frac{36}{21}$	$\frac{7}{9} = \frac{70}{90}$	$\frac{5}{8} = \frac{20}{40}$	$\frac{12}{13} = \frac{144}{169}$	$\frac{15}{16} = \frac{45}{64}$
Richtig?					
Erweiterungsfaktor					

26 Der angegebene Bruch soll erweitert werden. Suche dir dazu eine passende Grafik aus und stelle die Rechnung mit ihr dar.

a $\frac{3}{5}$ mit 2

b $\frac{3}{8}$ mit 2

c $\frac{1}{4}$ mit 4

d $\frac{1}{6}$ mit 2

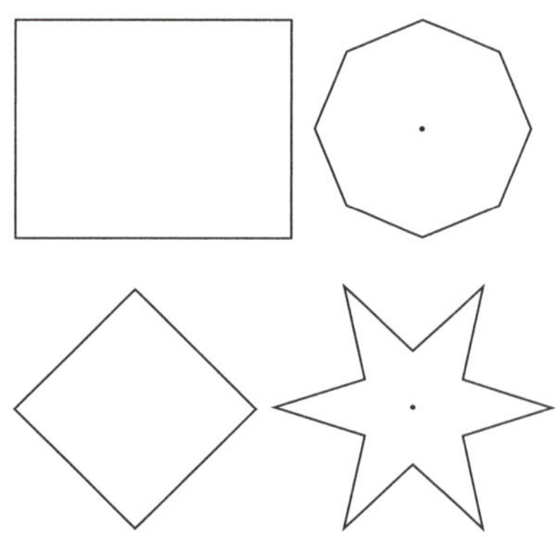

TIPP
Ordne zuerst die Grafiken den Aufgaben zu.

Wenn man aus $\frac{1}{2}$ durch Erweitern $\frac{6}{12}$ machen kann, warum sollte man dann aus $\frac{6}{12}$ nicht wieder $\frac{1}{2}$ machen können?

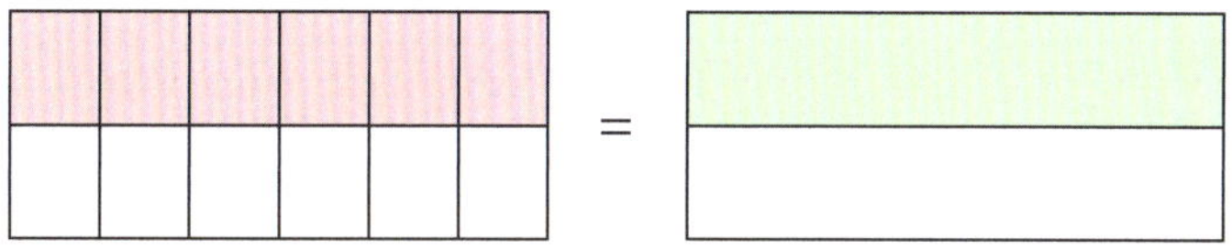

$$\frac{6}{12} \xrightarrow{:6} \frac{1}{2}$$

WISSEN

Kürzen eines Bruches

- Zähler und Nenner werden durch die gleiche natürliche Zahl n (≠0) dividiert. Die Zahl n heißt **Kürzungszahl**. Die Kürzungszahl muss sowohl Teiler des Zählers als auch Teiler des Nenners sein.
- $\frac{a}{b} = \frac{\mathbf{a : n}}{\mathbf{b : n}}$ (b≠0, n≠0)
- Der **Wert** eines Bruches bleibt beim Kürzen **unverändert**.
- Man kürzt einen Bruch **vollständig**, indem man ihn mit dem größten gemeinsamen Teiler (ggT) von Zähler und Nenner kürzt.

Bei **sehr großen Zahlen im Zähler und im Nenner** kann man oft nicht auf einen Blick erkennen, ob sich ein Bruch überhaupt kürzen lässt. Dann muss man die Zahlen im Zähler und im Nenner in ihre **Primfaktoren** zerlegen.
Beachte hierbei: Man darf Brüche nur dann kürzen, wenn im Zähler und im Nenner **Produkte** stehen. Stehen im Zähler und/oder im Nenner Summen, so darf der Bruch nicht gekürzt werden.

BEISPIEL

a Kürze $2\frac{14}{28}$.

Lösungsweg 1:

$$2\frac{14}{28} = \frac{70}{28} = \frac{70:14}{28:14} = \frac{5}{2} = 2\frac{1}{2}$$

mit Umwandlung in **unechten Bruch**

Lösungsweg 2:

$$2\frac{14}{28} = 2\frac{14:14}{28:14} = 2\frac{1}{2}$$

ohne vorherige **Umwandlung** in unechten Bruch

Vertiefe dein Wissen!

b Kürze $\frac{12}{18}$ vollständig.

Lösungsweg 1:

$$\frac{12}{18} = \frac{12:\mathbf{6}}{18:\mathbf{6}} = \frac{2}{3}$$

Der **ggT** von $12 = 2 \cdot \mathbf{6}$ und $18 = 3 \cdot \mathbf{6}$ ist 6.

Lösungsweg 2:

$$\frac{12}{18} = \frac{12:\mathbf{2}}{18:\mathbf{2}} = \frac{6:\mathbf{3}}{9:\mathbf{3}} = \frac{2}{3}$$

Du kannst den Bruch auch **schrittweise** kürzen, denn $6 = 2 \cdot 3$.

c Florian hat das Kürzen eines Bruches wie folgt dargestellt:

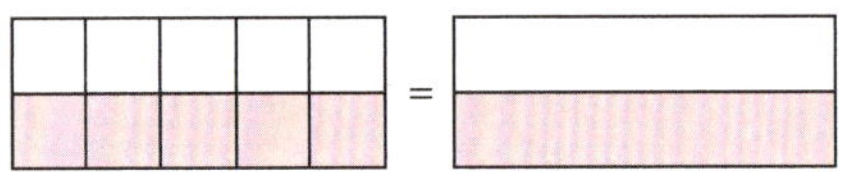

Gib die zugehörige Rechnung an.

Lösung:

$$\frac{5}{10} = \frac{5:\mathbf{5}}{10:\mathbf{5}} = \frac{1}{2}$$

Aus **5 Teilen wurde jeweils 1 Teil**, Florian kürzte also mit 5.

d Kürze $\frac{56}{488}$ vollständig.

Lösung:

$$\frac{56}{488} = \frac{2 \cdot 28}{2 \cdot 244} = \frac{2 \cdot 2 \cdot 14}{2 \cdot 2 \cdot 122} = \frac{\cancel{2}^{1} \cdot \cancel{2}^{1} \cdot \cancel{2}^{1} \cdot 7}{\cancel{2}_{1} \cdot \cancel{2}_{1} \cdot \cancel{2}_{1} \cdot 61} = \frac{7}{61}$$

e Kürze $\frac{17 \cdot 9 \cdot 2}{51 \cdot 3}$ vollständig.

Lösung:

$$\frac{{}^{1}\cancel{17} \cdot \cancel{9}^{3} \cdot 2}{{}_{3}\cancel{51} \cdot \cancel{3}_{1}} = \frac{\cancel{6}^{2}}{\cancel{3}_{1}} = 2$$

Man kürzt 17 mit 51 und 9 mit 3. Dann multipliziert man im Zähler und im Nenner, was übrig bleibt.

27 Fülle die Tabelle aus.

Kürzen	$\frac{6}{12}$	$\frac{12}{18}$	$-\frac{12}{30}$	$\frac{6}{54}$	$\frac{48}{12}$
mit 3					
mit 6					

28 Kürze vollständig.

a $\frac{6}{18}$ b $\frac{11}{33}$

c $-\frac{18}{12}$ d $\frac{60}{144}$

e $6\frac{15}{35}$ f $-3\frac{12}{32}$

* g $\frac{4 \cdot 6 \cdot 25}{8 \cdot 3 \cdot 75}$ * h $\frac{8 \cdot 12 \cdot 450}{45 \cdot 24 \cdot 32}$

29 Entscheide, ob richtig gekürzt wurde. Bestimme, falls möglich, die Kürzungszahl.

Rechnung	$\frac{50}{32} = \frac{5}{16}$	$\frac{40}{36} = \frac{10}{9}$	$\frac{49}{64} = \frac{7}{8}$	$\frac{120}{90} = \frac{12}{9}$	$\frac{21}{56} = \frac{7}{8}$
Richtig?					
Kürzungszahl					

* **30** Setze die Dominosteine in der richtigen Reihenfolge aneinander.

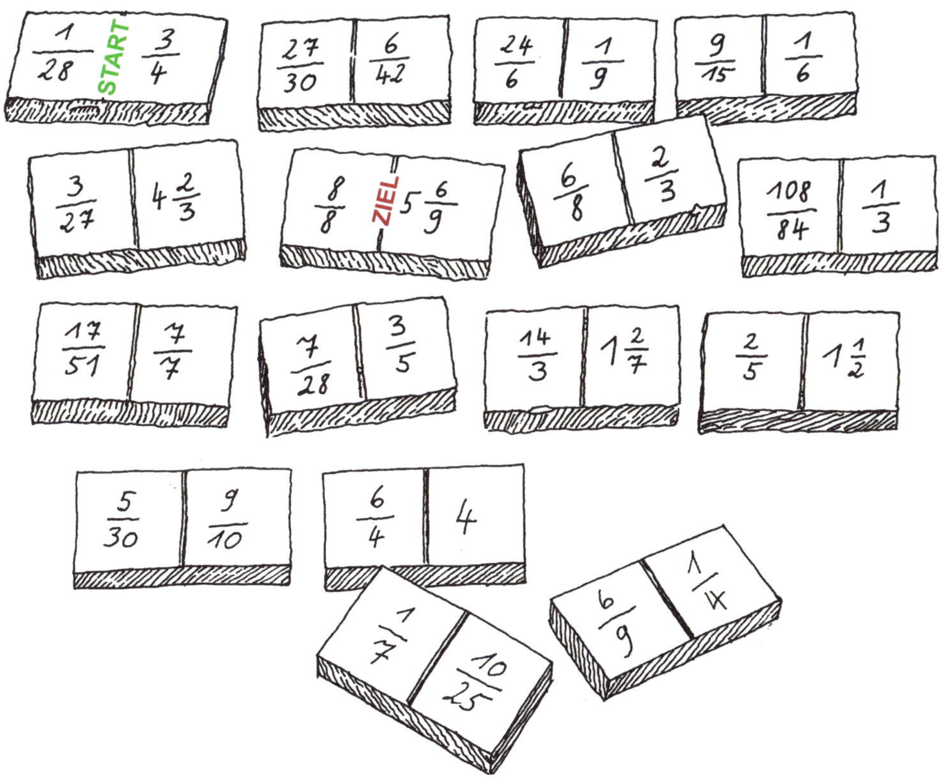

31 Entscheide, ob die Aussagen wahr oder falsch sind. Folge den entsprechenden Pfeilen und trage die grünen Lösungsbuchstaben der Reihe nach unten als Max' Antwort ein.

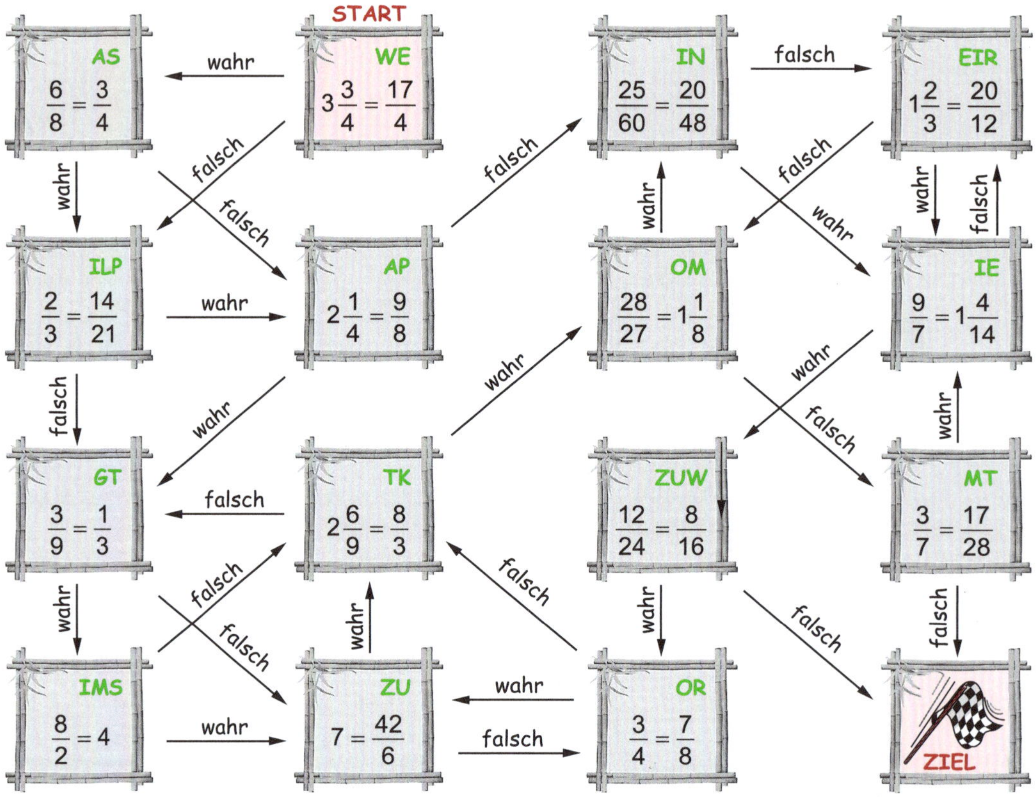

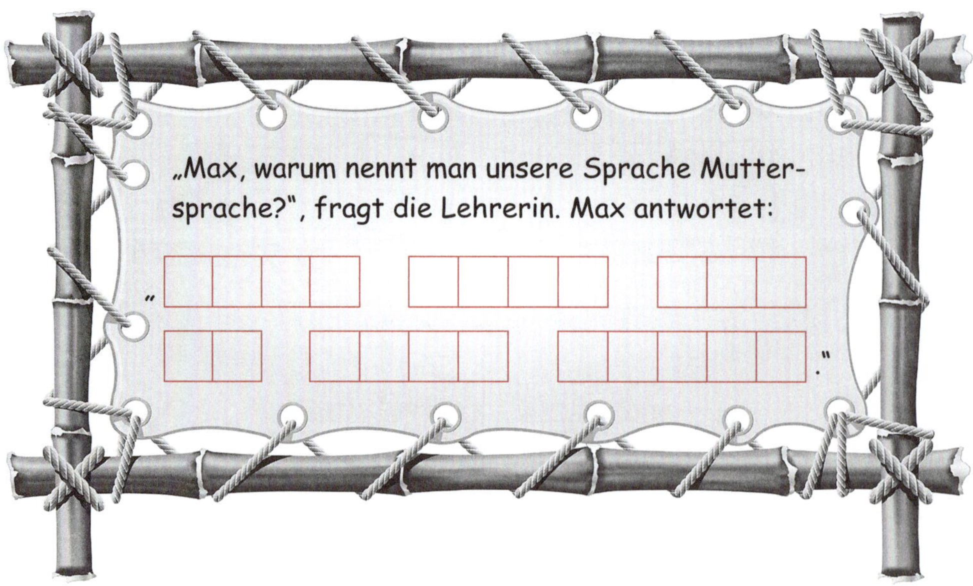

6 Vergleichen und Ordnen von Brüchen

Durch die Darstellung von Brüchen auf der Zahlengeraden weiß man, dass Brüche umso größer sind, je weiter rechts sie auf der Zahlengeraden liegen. Aber wie ist es möglich, Brüche ohne ihre Darstellung auf der Zahlengeraden zu vergleichen?

„Bei mir fehlen noch 3 von 20 Teilen, also $\frac{3}{20}$“, meint Mirco.

„Bei mir fehlen noch 5 von 40 Teilen, also $\frac{5}{40}$“, entgegnet Amelie.

Bei wem fehlen verhältnismäßig noch mehr Puzzleteile? Ist also $\frac{3}{20}$ größer oder kleiner als $\frac{5}{40}$?

„Betrachten wir zunächst **positive Brüche**, die gleiche Zähler oder gleiche Nenner haben“, schlägt Mirco vor.

WISSEN

Vergleich von positiven Brüchen

- Besitzen zwei positive Brüche den **gleichen Zähler**, ist derjenige Bruch größer, der den **kleineren Nenner** besitzt.
- Besitzen zwei positive Brüche den **gleichen Nenner**, ist derjenige Bruch größer, der den **größeren Zähler** besitzt.

BEISPIEL

a Ordne die Brüche $\frac{3}{4}$, $\frac{3}{9}$ und $\frac{3}{7}$ der Größe nach.

Lösung:

$\frac{3}{\mathbf{9}} < \frac{3}{\mathbf{7}} < \frac{3}{\mathbf{4}}$ denn: $9 > 7 > 4$

Vertiefe dein Wissen!

b Vergleiche die Brüche $\frac{7}{9}$, $\frac{1}{9}$ und $\frac{3}{9}$.

Lösung:

$\frac{1}{9} < \frac{3}{9} < \frac{7}{9}$ denn: $1 < 3 < 7$

32 Setze < oder > ein.

a $\frac{4}{5} \square \frac{4}{8}$ **b** $\frac{4}{8} \square \frac{1}{8}$

c $\frac{6}{7} \square \frac{16}{7}$ **d** $\frac{3}{7} \square \frac{3}{5}$

e $\frac{9}{3} \square \frac{19}{3}$ **f** $\frac{2}{6} \square \frac{2}{5}$

33 Ordne der Größe nach, beginne mit dem kleinsten Bruch.

a $\frac{7}{4}, \frac{7}{2}, \frac{7}{9}, \frac{7}{24}, \frac{7}{3}, \frac{7}{11}$ **b** $\frac{2}{13}, \frac{9}{13}, \frac{25}{13}, \frac{17}{13}, \frac{1}{13}, \frac{6}{13}$

„Wenn wir also deinen Bruch auf den Nenner 40 **erweitern**, dann können wir unsere beiden Brüche miteinander vergleichen, weil sie dann beide den gleichen Nenner haben", schlussfolgert Amelie und notiert die passende Rechnung. „Verhältnismäßig fehlen somit bei dir noch mehr Puzzleteile als bei mir, da $\frac{6}{40} > \frac{5}{40}$ ist", meint sie an Mirco gewandt.

WISSEN

Brüche gleichnamig machen

- Besitzen Brüche den gleichen Nenner, so heißen sie **gleichnamig** oder **nennergleich**. Andernfalls heißen sie **ungleichnamige** Brüche.
- Durch Erweitern oder Kürzen werden Brüche gleichnamig gemacht. Der kleinste gemeinsame Nenner, also das kleinste gemeinsame Vielfache (kgV) der Nenner, wird **Hauptnenner** genannt.

BEISPIEL

a Mache die Brüche $\frac{5}{6}$ und $\frac{7}{9}$ gleichnamig und vergleiche sie.

Lösung:

$\frac{5}{6} = \frac{15}{\mathbf{18}}$

$\frac{7}{9} = \frac{14}{\mathbf{18}}$

$\frac{15}{18} > \frac{14}{18} \quad \Rightarrow \quad \frac{5}{6} > \frac{7}{9}$

Das kgV von 6 und 9, also der Hauptnenner, ist **18**, denn:

$6 = 2 \cdot 3$ („eine 3 weniger als bei der 9“)
$9 = 3 \cdot 3$ („eine 2 weniger als bei der 6“)
$\Rightarrow$ kgV $= 2 \cdot 3 \cdot 3 = 18$

b Daria braucht für ihre beiden Kuchen insgesamt $\frac{5}{4}\,\ell$ Milch für den Teig und $1\frac{2}{7}\,\ell$ Orangensaft für den Guss. Welche Menge ist größer?

Lösungsweg 1:

$\frac{5}{4} = 1\frac{1}{4} = \mathbf{1}\frac{7}{\mathbf{28}}$

$1\frac{2}{7} = \mathbf{1}\frac{8}{\mathbf{28}}$

$1\frac{7}{28} < 1\frac{8}{28} \quad \Rightarrow \quad \frac{5}{4} < 1\frac{2}{7}$

Wenn man **gemischte Zahlen** miteinander vergleicht, dann schaut man zunächst auf die **Ganzen**. Sind sie gleich (hier jeweils 1), so vergleicht man die **Bruchteile** miteinander, indem man diese auf den Hauptnenner bringt.

Lösungsweg 2:

$\frac{5}{4} = \frac{35}{\mathbf{28}}$

$1\frac{2}{7} = \frac{9}{7} = \frac{36}{\mathbf{28}}$

$\frac{35}{28} < \frac{36}{28} \quad \Rightarrow \quad \frac{5}{4} < 1\frac{2}{7}$

Wenn man **unechte Brüche** miteinander vergleicht, so wandelt man zunächst alle gemischten Zahlen in unechte Brüche um und bringt sie dann auf den Hauptnenner.

c Ordne die Zahlen $2\frac{2}{5}$, $4\frac{1}{2}$ und $2\frac{3}{8}$ der Größe nach.

Lösung:

$2\frac{2}{5} = 2\frac{16}{\mathbf{40}}$

$2\frac{3}{8} = 2\frac{15}{\mathbf{40}}$

$\Rightarrow \quad 2\frac{3}{8} < 2\frac{2}{5} < 4\frac{1}{2}$

Vergleicht man zunächst die Ganzen, so sieht man, dass **4 größer** ist **als 2**, folglich muss $4\frac{1}{2}$ der größte Bruch von den dreien sein.
Um $2\frac{2}{5}$ und $2\frac{3}{8}$ miteinander vergleichen zu können, müssen die Bruchteile auf den gemeinsamen Hauptnenner gebracht werden.

34 Vergleiche die Brüche.

a $\frac{2}{5}, \frac{3}{15}$

b $\frac{3}{8}, \frac{5}{6}$

c $\frac{5}{12}, \frac{1}{8}, \frac{3}{4}$

d $\frac{8}{24}, \frac{1}{16}, \frac{13}{48}$

e $\frac{7}{6}, \frac{14}{12}, 1\frac{2}{3}$

f $\frac{4}{3}, \frac{7}{9}, 2\frac{1}{3}$

g $2\frac{11}{12}, 2\frac{8}{9}, 1\frac{2}{5}$

h $3\frac{7}{30}, 4\frac{21}{90}, 4\frac{7}{30}, 3\frac{12}{45}$

35 Überprüfe die Ordnung. Falls sie nicht stimmt, berichtige sie.

a $\frac{3}{16} < \frac{1}{4} < \frac{5}{8} < \frac{3}{4} < \frac{20}{16} < \frac{3}{2}$

b $\frac{1}{3} < \frac{4}{5} < \frac{2}{15} < \frac{8}{5} < \frac{7}{3} < \frac{19}{9}$

36 Timmi hat die Kegel umgeschmissen und möchte sie der Größe (**1** bis **6**) nach wieder aufstellen. Dabei soll ganz hinten der Kegel mit dem größten und vorne links der Kegel mit dem kleinsten Bruch stehen. Hilf ihm dabei.

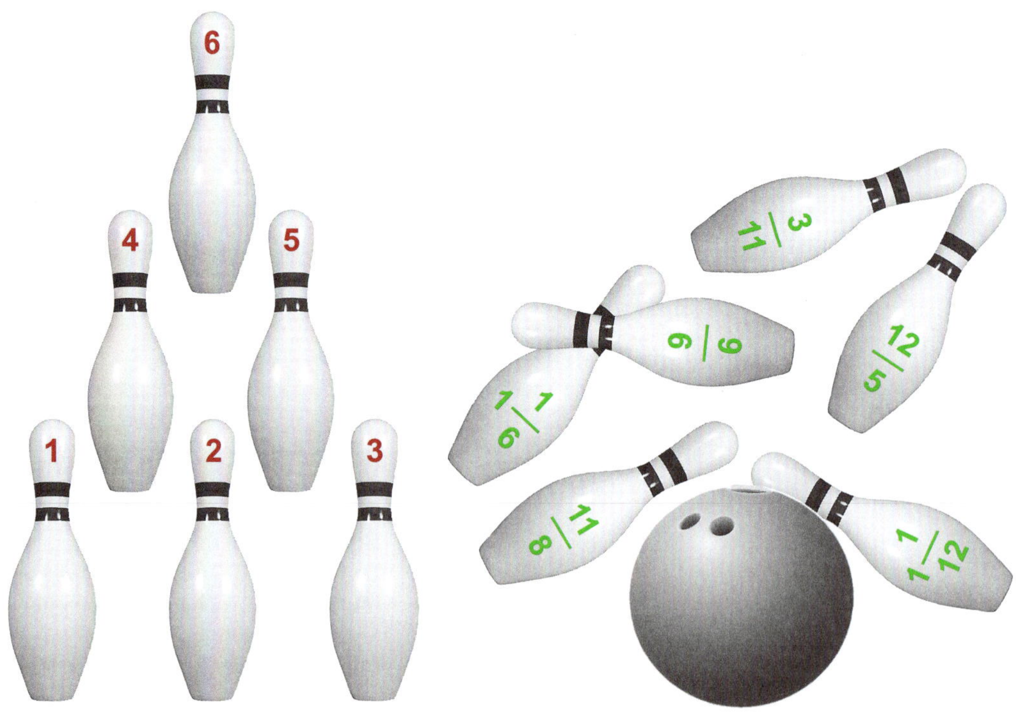

37 Gib je drei Brüche an, die zwischen den angegebenen Brüchen liegen.

TIPP
Der Hauptnenner reicht nicht immer aus.

a $\frac{3}{5}$ und $\frac{8}{5}$

b $\frac{3}{5}$ und $\frac{4}{5}$

c $\frac{7}{8}$ und 1

d $\frac{4}{7}$ und $\frac{3}{4}$

38 Lies zunächst die Behauptung auf Janinas Tablet:

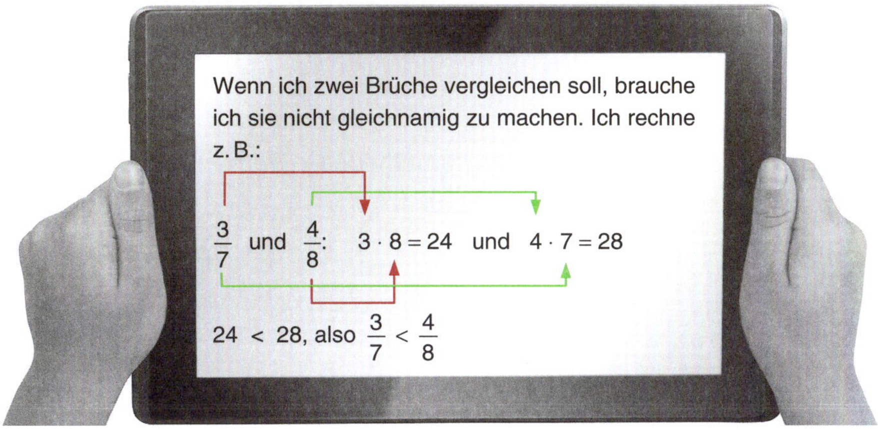

Suche dir selbst Beispiele, mit denen du diese Methode prüfen kannst.
Erläutere, welche Überlegung hinter der Methode steckt.

Mit **negativen Brüchen** verhält sich die Ordnung von Brüchen genau umgekehrt. Schau dir dazu folgende Rechnung und die zugehörige Zahlengerade an:

$$\frac{4}{5} > \frac{2}{5} \quad \xrightarrow{\cdot(-1)} \quad -\frac{4}{5} < -\frac{2}{5}$$

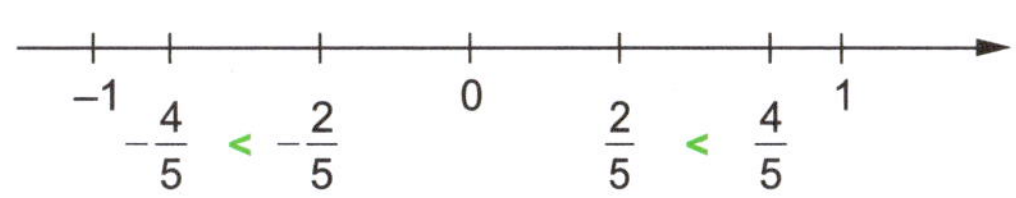

Das Ungleichheitszeichen dreht sich durch die Multiplikation mit –1 um.

WISSEN

Vergleich von negativen Brüchen
Zwei negative Brüche werden miteinander verglichen, indem sie zuerst **gleichnamig** gemacht werden. Je **kleiner** der **Zähler** ist, desto **größer** ist der **Bruch**.

Vertiefe dein Wissen!

BEISPIEL

Ordne die Brüche $-\frac{1}{7}, \frac{3}{8}, -\frac{2}{13}$ und $-1\frac{1}{4}$ der Größe nach.

Lösung:

$$-\frac{2}{13} = -\frac{\mathbf{14}}{91}$$

$$-\frac{1}{7} = -\frac{\mathbf{13}}{91}$$

$$-1\frac{1}{4} < -\frac{2}{13} < -\frac{1}{7} < \frac{3}{8}$$

Da es sich bei $-\frac{1}{7}$ und $-\frac{2}{13}$ um echte Brüche handelt, muss $-1\frac{1}{4}$ der kleinste Bruch von allen sein.
$\frac{3}{8}$ ist der einzige positive Bruch und daher der größte, denn positive Brüche sind immer größer als negative.
Um $-\frac{1}{7}$ und $-\frac{2}{13}$ zu vergleichen, werden sie gleichnamig gemacht. **13** ist **kleiner** als **14**, weshalb $-\frac{1}{7}$ größer als $-\frac{2}{13}$ ist.

39 Setze für das Kleeblatt je drei verschiedene natürliche Zahlen ≠ 0 ein, sodass du jeweils eine wahre Aussage erhältst.

a $-\frac{7}{5} < -\frac{♣}{5} < -\frac{2}{5}$

b $\frac{4}{9} < \frac{♣}{9} < 1$

* c $-\frac{5}{3} < -\frac{♣}{4} < -\frac{3}{5}$

* d $-\frac{4}{7} < -\frac{♣}{5} < \frac{3}{4}$

* **40** Hänge die Christbaumkugeln passend auf. Verbinde mit Linien.

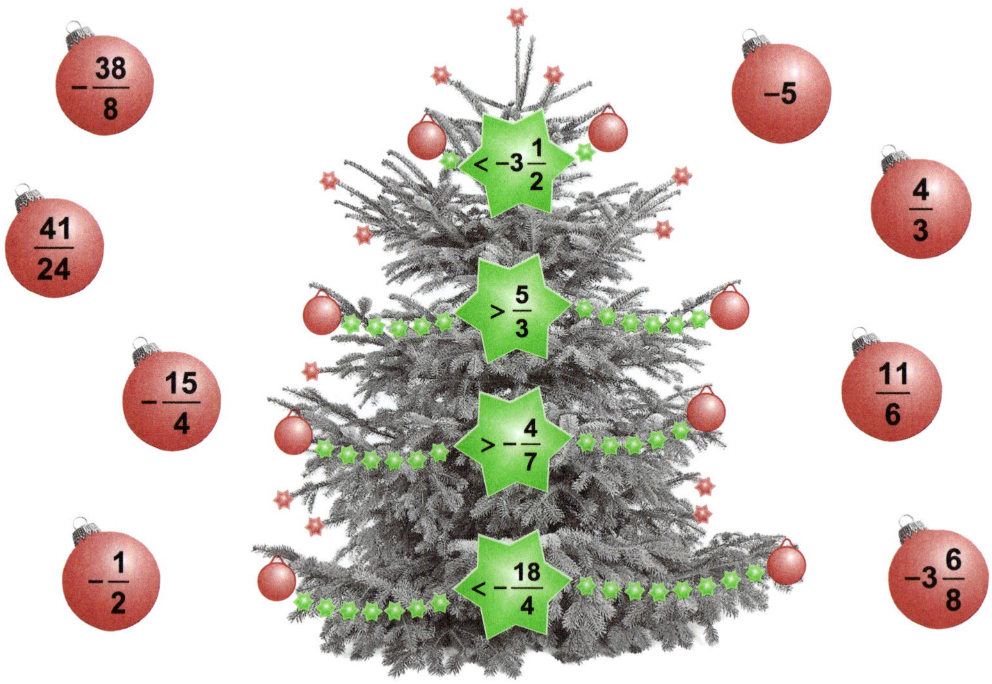

60 Minuten

Test 1

1 Wandle in einen unechten Bruch um.

a $1\frac{3}{5}$ **b** $6\frac{1}{9}$

___ von 4   **c** $13\frac{2}{3}$ **d** $-4\frac{5}{12}$

2 Schreibe als gemischte Zahl.

a $\frac{5}{4}$ **b** $\frac{11}{5}$

___ von 4   **c** $\frac{71}{7}$ **d** $\frac{244}{100}$

3 Veranschauliche $\frac{4}{10}$ mithilfe eines Rechtecks, $\frac{1}{4}$ mithilfe eines Dreiecks und $\frac{1}{2}$ mithilfe eines Kreises.

___ von 6

4 Gib den dunkelgrün dargestellten Bruchteil an und kürze ihn so weit wie möglich.

a

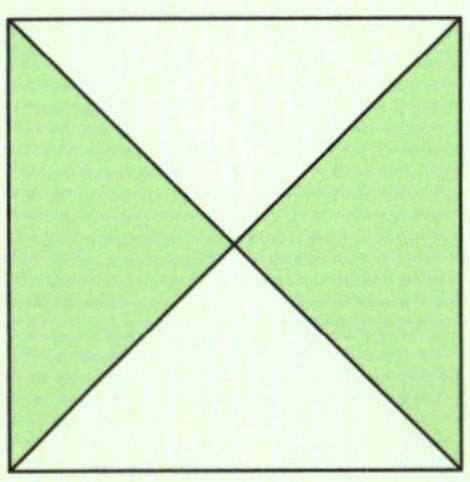

b

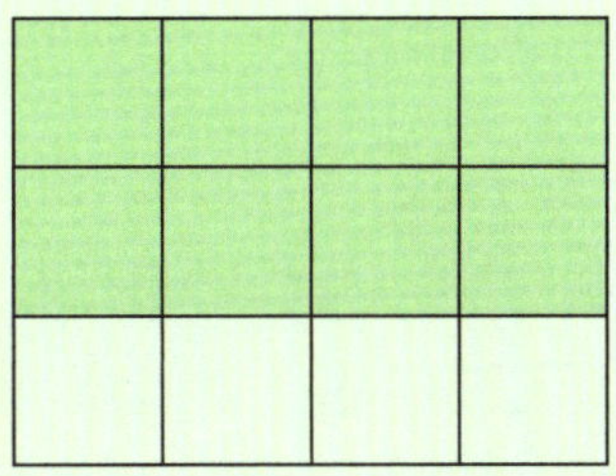

c

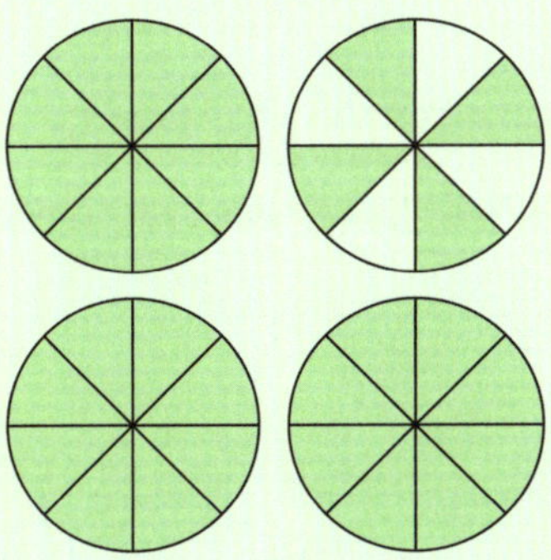

d

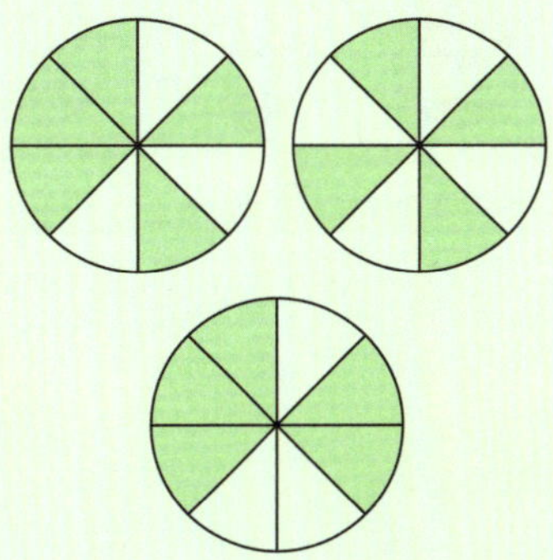

___ von 4

5 Streiche immer die Zahl heraus, die nicht zu den anderen passt.

$\frac{36}{48}$, $\frac{12}{15}$, $\frac{21}{28}$, $\frac{6}{8}$, $\frac{12}{16}$, $\frac{3}{4}$

$\frac{36}{72}$, $\frac{14}{28}$, $\frac{6}{3}$, $\frac{3}{6}$, $\frac{12}{24}$, $\frac{1}{2}$

$\frac{24}{60}$, $\frac{20}{50}$, $\frac{4}{10}$, $\frac{2}{5}$, $\frac{5}{11}$, $\frac{10}{25}$

___ von 3

6 Setze < oder > ein und begründe.

a $\frac{3}{5} \square \frac{3}{4}$ **b** $\frac{1}{9} \square \frac{2}{7}$

c $\frac{7}{3} \square 2\frac{1}{4}$ **d** $\frac{9}{5} \square \frac{11}{8}$

___ von 8

7 Stelle die Brüche auf einer Zahlengeraden dar. Wähle einen geeigneten Maßstab.

$\frac{3}{4}$; $\frac{5}{6}$; $-\frac{1}{12}$; $\frac{4}{8}$; $-\frac{1}{3}$; $\frac{13}{12}$

___ von 7

8 Ersetze ★ durch eine natürliche Zahl, sodass eine wahre Aussage entsteht.

a $\frac{★}{7} = 2\frac{4}{14}$ **b** $1\frac{1}{9} = \frac{30}{★}$

c $-\frac{5}{★} = -\frac{25}{40}$ **d** $\frac{6}{15} = \frac{★}{10}$

___ von 4

40 bis 30	29 bis 20	19 bis 0

So lange habe ich gebraucht: ______

So viele Punkte habe ich erreicht: ______

Rechnen mit Brüchen

Ein aus dem arabischen Raum überliefertes Rätsel

?

Der Scheich Ali beschließt vor seinem Tod, seine Kamelherde von 17 Tieren an seine 3 Söhne zu vererben. Er gibt ihnen mit der Erbschaft folgendes Rätsel auf:

Der Älteste bekommt die Hälfte, der Zweitälteste ein Drittel und der Jüngste ein Neuntel der Erbschaft, dabei darf aber keines der Tiere getötet werden. Nach dem Tod des Vaters rätseln die Söhne tagelang, ohne des Rätsels Lösung zu finden.

Da kommt eines Tages ein Derwisch auf seinem Kamel geritten und bietet Hilfe an: „Mit meinem Kamel sind es 18, also bekommt der Älteste 9, der Zweitälteste 6 und der Jüngste der Söhne 2 Kamele. Dann habt ihr die 17 Kamele nach den Wünschen des Vaters verteilt und ich nehme mein eigenes wieder mit."

Alle waren glücklich.

Untersuche selbst des Rätsels Lösung.

1 Addition und Subtraktion von Brüchen

Gabriele bekam von ihrer besten Freundin zum Geburtstag eine Torte geschenkt. Die Torte wurde in 12 gleich große Stücke geschnitten. Am 1. Tag wurde die Hälfte der Torte gegessen. Am 2. Tag wurde ein Viertel der Torte verspeist und am 3. Tag ein Sechstel.
Wie viel Torte blieb für den 4. Tag noch übrig?

$1-\frac{1}{2}-\frac{1}{4}-\frac{1}{6}=?$

WISSEN

Möchte man Brüche addieren bzw. subtrahieren, müssen sie zuerst **gleichnamig** gemacht, also auf denselben **Hauptnenner** gebracht werden.

- Gleichnamige Brüche werden **addiert**, indem man die **Zähler addiert** und den gemeinsamen **Nenner beibehält**.

  $\frac{a}{c}+\frac{b}{c}=\frac{a+b}{c} \quad (c \neq 0)$

- Gleichnamige Brüche werden **subtrahiert**, indem man die **Zähler subtrahiert** und den gemeinsamen **Nenner beibehält**.

  $\frac{a}{c}-\frac{b}{c}=\frac{a-b}{c} \quad (c \neq 0)$

BEISPIEL

a

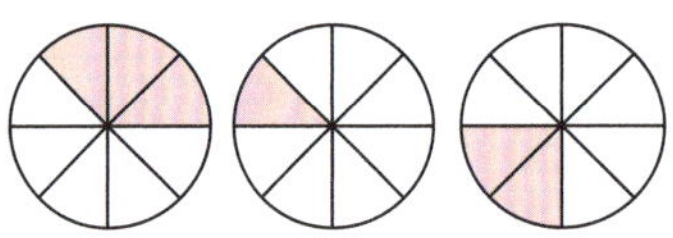

Summe als Grafik:

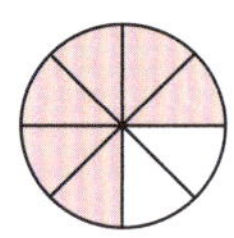

$=\frac{6}{8}$

$\frac{3}{8}+\frac{1}{8}+\frac{2}{8}=\frac{3+1+2}{8}=\frac{6}{8}$

Die Zähler werden addiert, der **Nenner 8 beibehalten**.

$\frac{6}{8}=\frac{6:2}{8:2}=\frac{3}{4}$

Kürze das Ergebnis stets so weit wie möglich.

b Wie viel blieb nun von der Torte übrig?

Lösung:

$1-\frac{1}{2}-\frac{1}{4}-\frac{1}{6}=\frac{12}{12}-\frac{6}{12}-\frac{3}{12}-\frac{2}{12}$

$=\frac{12-6-3-2}{12}=\frac{1}{12}$

Die Brüche werden zunächst auf den **Hauptnenner** gebracht, hier **12**.
Die Zähler werden subtrahiert, der Hauptnenner wird beibehalten.
Von der Torte blieb also 1 Stück übrig.

Vertiefe dein Wissen!

41 Berechne.

a $\frac{7}{15}+\frac{3}{15}$

b $\frac{7}{13}+\frac{3}{13}-\frac{2}{13}$

c $\frac{6}{8}-\frac{1}{8}+\frac{3}{8}$

d $\frac{4}{9}-\frac{7}{9}$

42 Addiere bzw. subtrahiere die Brüche.

a $\frac{1}{4}+\frac{1}{2}+\frac{1}{8}$

b $\frac{3}{12}+\frac{1}{4}-\frac{3}{2}$

c $-\frac{2}{7}-\frac{13}{42}-\frac{2}{3}$

d $-\frac{2}{15}+\frac{1}{6}-\frac{4}{10}$

43 Ergänze die folgenden magischen Quadrate so, dass die Summe jeder Zeile, jeder Spalte und jeder Diagonale genau 1 beträgt.

a

$\frac{1}{2}$		
	$\frac{1}{3}$	
	$\frac{5}{9}$	

b

	$\frac{1}{5}$	
$\frac{4}{15}$		
$\frac{3}{10}$		

44 Jakob hat die Aufgabe bekommen, die Rechnungen so zu vervollständigen und die Grafiken so restlich einzufärben, dass sie zueinander passen. Dabei soll er in den Grafiken aber keine Linien ergänzen. Hilf ihm dabei.

a 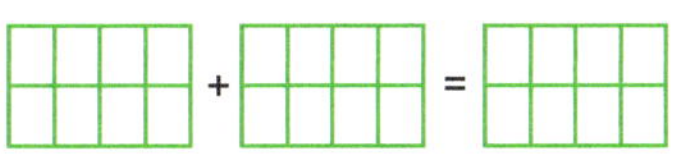

$\frac{2}{8} + \frac{5}{8} = \frac{\square}{\square}$

b 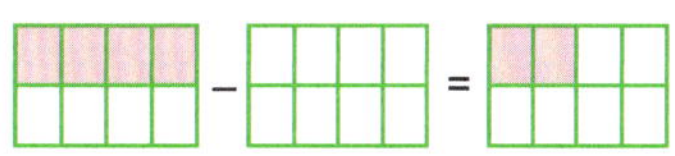

$\frac{\square}{\square} - \frac{\square}{\square} = \frac{\square}{\square}$

c 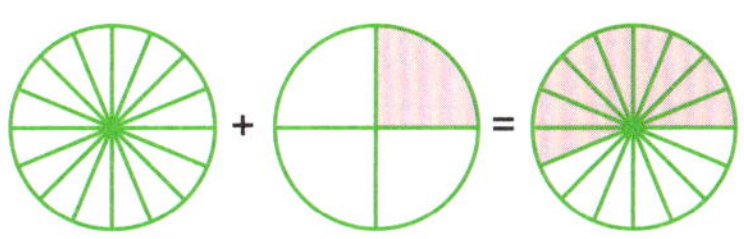

$\frac{\square}{\square} + \frac{\square}{\square} = \frac{\square}{\square}$

d 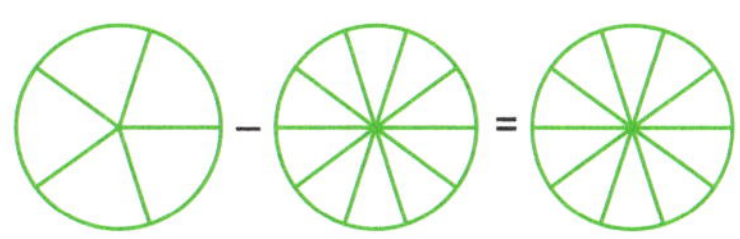

$\frac{\square}{\square} - \frac{3}{10} = \frac{3}{10}$

45 Kira darf im Garten ihrer Eltern in einem Beet anpflanzen, was sie möchte. Sie hat sich dafür entschieden, ein Drittel des Beetes für Karotten zu nutzen, zwei Siebtel für Radieschen und den Rest für Erdbeeren.
Berechne, welcher Anteil des Beetes für Erdbeeren zur Verfügung steht.

46 Elias möchte die Reste aus drei Flaschen zu einem leckeren Getränk in einen Krug mit einem Fassungsvermögen von 1 ℓ füllen. Er hat noch $\frac{1}{3}$ ℓ Apfelsaft, $\frac{1}{6}$ ℓ Ananassaft und $\frac{3}{8}$ ℓ Maracujasaft.
Entscheide, ob der Krug überläuft.

Möchtest du **gemischte Zahlen addieren oder subtrahieren**, kannst du dies auf zwei Arten tun, entweder direkt mit den gemischten Zahlen rechnen oder diese vorher in unechte Brüche umwandeln. Wenn beim Subtrahieren der Zähler des Minuenden kleiner ist als der Zähler des Subtrahenden, musst du aufpassen. Sieh dir dazu die Beispiele genau an und wähle den für dich einfacheren Lösungsweg.

WISSEN

Addition bzw. Subtraktion **gemischter Zahlen:**

- Addiere (subtrahiere) **zuerst die Ganzen** und **dann die Bruchteile**. Es kann sein, dass du dabei ein Ganzes in einen Bruch umwandeln musst.
- Oder: Wandle die gemischten Zahlen in **unechte Brüche** um und rechne dann wie gewohnt.

BEISPIEL

a Berechne $2\frac{1}{4}+1\frac{1}{8}$.

Lösungsweg 1:

$$2\frac{1}{4}+1\frac{1}{8}=2\frac{2}{8}+1\frac{1}{8}=2+1+\frac{2+1}{8}=3+\frac{3}{8}=3\frac{3}{8}$$

ohne vorherige **Umwandlung** in unechten Bruch

Lösungsweg 2:

$$2\frac{1}{4}+1\frac{1}{8}=\frac{9}{4}+\frac{9}{8}=\frac{18}{8}+\frac{9}{8}=\frac{18+9}{8}=\frac{27}{8}=3\frac{3}{8}$$

mit Umwandlung in **unechte Brüche**

Vertiefe dein Wissen!

b Subtrahiere $1\frac{4}{5}$ von $3\frac{2}{5}$.

Lösungsweg 1:

$$3\frac{2}{5}-1\frac{4}{5}=2\frac{7}{5}-1\frac{4}{5}=(2-1)+\left(\frac{7-4}{5}\right)=1\frac{3}{5}$$

ein Ganzes in einen Bruch **umwandeln**

Lösungsweg 2:

$$3\frac{2}{5}-1\frac{4}{5}=\frac{17}{5}-\frac{9}{5}=\frac{17-9}{5}=\frac{8}{5}=1\frac{3}{5}$$

mit Umwandlung in **unechte Brüche**

47 Berechne.

a $2\frac{5}{8}-1\frac{7}{8}$

b $\frac{7}{20}+1\frac{3}{20}+2\frac{9}{20}$

c $2\frac{1}{9}+3\frac{4}{9}+1\frac{4}{9}$

d $14\frac{4}{9}-15\frac{7}{9}$

48 Ergänze.

a	b	a + b	a − b	b + a
$1\frac{1}{2}$	$\frac{5}{6}$			
	$\frac{1}{12}$		$\frac{1}{2}$	
$2\frac{3}{5}$		$3\frac{1}{10}$		

49 Jana notiert die Saftmengen, die in die Saftbowle für die Klassenfeier kommen sollen:

$4\frac{2}{3}$ ℓ Orangensaft
$2\frac{3}{4}$ ℓ Maracujasaft
$3\frac{1}{2}$ ℓ Ananassaft

Insgesamt werden für die 28 Schüler $11\frac{1}{5}$ ℓ Bowle benötigt.
Reichen die von Jana notierten Mengen?

50 Rechne vorteilhaft.

> TIPP
> *Denke an das Kommutativ- und Assoziativgesetz.*

a $\frac{1}{3}+\frac{3}{4}+\frac{2}{3}+\frac{3}{4}$

b $\frac{4}{9}+\frac{5}{6}+\frac{14}{9}+\frac{4}{6}$

c $2\frac{1}{3}+1\frac{1}{4}+2\frac{1}{2}+1\frac{2}{3}$

d $3\frac{2}{5}+4\frac{1}{2}+1\frac{1}{2}$

e $\frac{3}{5}+\frac{7}{8}-\frac{4}{5}-\frac{7}{8}$

f $2\frac{1}{2}+3\frac{4}{7}-3\frac{1}{2}-3\frac{2}{7}$

51 Ergänze Klammern (und) so, dass die Aufgabe stimmt.

> TIPP
> *Bringe alle Brüche erst auf den Hauptnenner.*

a $-\frac{1}{3} \quad - \quad \frac{1}{8} \quad + \quad \frac{1}{5} \quad = \quad -\frac{79}{120}$

b $\frac{5}{12} \quad - \quad \frac{1}{4} \quad - \quad \frac{1}{2} \quad = \quad \frac{2}{3}$

c $\frac{10}{21} \quad - \quad \frac{1}{7} \quad - \quad \frac{1}{4} \quad = \quad \frac{1}{12}$

d $\frac{8}{11} \quad - \quad \frac{1}{2} \quad - \quad \frac{1}{4} \quad - \quad \frac{1}{8} \quad = \quad \frac{31}{88}$

52 Was hat Kathi falsch gemacht? Finde den Fehler und berichtige ihn. Gib auch das korrekte Ergebnis an.

$$2\frac{1}{3}-1\frac{3}{4}-1\frac{2}{3}-\frac{1}{4}=\left(2\frac{1}{3}-1\frac{2}{3}\right)-\left(1\frac{3}{4}-\frac{1}{4}\right)$$
$$=\left(1\frac{4}{3}-1\frac{2}{3}\right)-\left(1+\frac{3-1}{4}\right)$$
$$=\left[(1-1)+\left(\frac{4}{3}-\frac{2}{3}\right)\right]-\left(1+\frac{2}{4}\right)$$
$$=\frac{2}{3}-1\frac{1}{2}$$
$$=\frac{4}{6}-\frac{9}{6}$$
$$=-\frac{5}{6}$$

53 Ein 27 ha großer Agrarbetrieb besitzt $15\frac{1}{2}$ ha Feld, $1\frac{2}{5}$ ha Stallungen und $\frac{5}{6}$ ha andere Gebäude. Der Rest wird als Weideland genutzt.
Berechne die Größe der Fläche, die als Weideland genutzt wird.

Vertiefe dein Wissen!

54 Berechne und kürze vollständig. Suche zu jedem Ergebnis den passenden Buchstaben und trage ihn in das entsprechende Lösungsfeld ein.

a) $\frac{3}{9}+\frac{2}{5}$

b) $\frac{6}{7}+\frac{6}{14}$

c) $1\frac{1}{2}+1\frac{2}{3}$

d) $\frac{3}{8}+\frac{3}{4}+\frac{3}{6}$

e) $\frac{7}{51}+\frac{6}{34}$

f) $\frac{15}{25}-\frac{2}{15}$

g) $1\frac{2}{3}-1\frac{1}{6}$

h) $2\frac{4}{9}-1\frac{2}{3}$

i) $\frac{11}{12}-\frac{10}{15}$

j) $\frac{1}{24}+\frac{1}{12}+\frac{1}{8}$

k) $\frac{1}{2}+\frac{1}{15}-\frac{1}{10}$

l) $\frac{3}{4}-\frac{3}{14}-\frac{2}{7}$

m) $\frac{2}{3}-\left(\frac{11}{12}-\frac{1}{4}\right)$

n) $1\frac{5}{6}-\frac{3}{5}-\frac{7}{10}-\frac{1}{15}$

o) $\left(\frac{7}{8}+\frac{1}{2}\right)-\left(\frac{3}{4}-\frac{3}{8}\right)$

p) $1\frac{4}{9}-\left(\frac{1}{2}+\frac{4}{9}+\frac{1}{30}\right)$

q) $\frac{5}{6}-\frac{2}{3}+\frac{1}{4}$

r) $1\frac{3}{7}-\left(\frac{3}{14}+\frac{6}{7}\right)-\frac{3}{28}$

s) $\frac{5}{6}-\left(\frac{2}{7}+\frac{3}{42}\right)$

t) $2\frac{5}{12}-\frac{3}{20}-1\frac{1}{2}-\frac{3}{10}$

u) $\frac{1}{6}+\frac{7}{30}+\frac{1}{60}$

v) $\frac{89}{120}-\left(\frac{1}{5}+\frac{1}{6}+\frac{1}{8}\right)$

$\frac{7}{15}$ E	$\frac{1}{4}$ N	$1\frac{2}{7}$ R	$\frac{16}{51}$ H	$\frac{10}{21}$ S	1 M	$\frac{7}{9}$ Ö
$3\frac{1}{6}$ Ü	$\frac{5}{12}$ I	$\frac{1}{2}$ K	0 G	$1\frac{5}{8}$ C	$\frac{11}{15}$ B	

Lösungsspruch:

a	b	c	d	e	f

g	h	i	j	k	l

m	n	o	p	q	r

s	t	u	v

!

2 Multiplikation von Brüchen

Ein Quadrat mit der Seitenlänge a hat die Fläche $A = a \cdot a = a^2$. Für das abgebildete Quadrat gilt: $A = 1\,m \cdot 1\,m = 1\,m^2$

Man kann das Quadrat aber auch in 16 gleich große Teile teilen. Jedes dieser Teile hat dann den Flächeninhalt $\frac{1}{16}\,m^2$. Es gilt also:

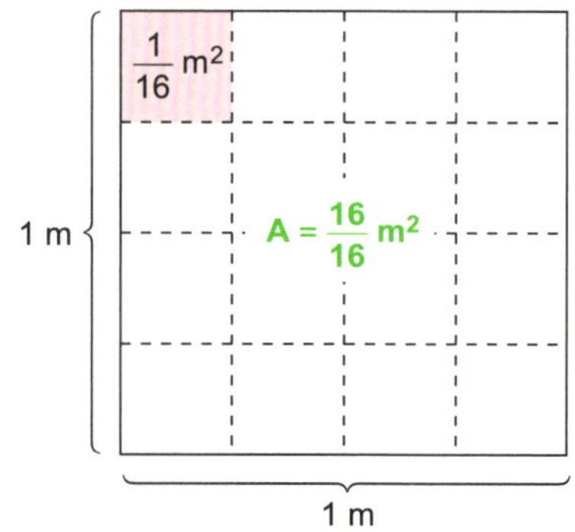

$$A = \mathbf{16} \cdot \frac{\mathbf{1}}{16}\,m^2 = \frac{\mathbf{16 \cdot 1}}{16}\,m^2 = \frac{16}{16}\,m^2 = 1\,m^2$$

WISSEN

- Ein **Bruch** wird **mit einer ganzen Zahl multipliziert**, indem man den Zähler mit der ganzen Zahl multipliziert und den Nenner beibehält:
  $a \cdot \frac{b}{c} = \frac{a \cdot b}{c} \quad (c \neq 0)$
- **Zwei Brüche** werden miteinander **multipliziert**, indem man **Zähler mit Zähler** und **Nenner mit Nenner** multipliziert:
  $\frac{a}{b} \cdot \frac{c}{d} = \frac{a \cdot c}{b \cdot d} \quad (b \neq 0,\ d \neq 0)$
- **Gemischte Zahlen** müssen vorher in unechte Brüche umgewandelt werden.

BEISPIEL

a Berechne $-4 \cdot \frac{5}{9}$.

Lösung:

$$-4 \cdot \frac{5}{9} = \frac{-4 \cdot 5}{9} = -\frac{20}{9}$$

Die ganze Zahl **−4** wird **mit dem Zähler 5** multipliziert. Das **Minus** wird **vor den Bruch** geschrieben.

b Rechne $\frac{8}{9} \cdot \frac{3}{4}$ geschickt aus.

Lösung:

$$\frac{8}{9} \cdot \frac{3}{4} = \frac{{}^{2}\not{8} \cdot \not{3}^{1}}{{}_{3}\not{9} \cdot \not{4}_{1}} = \frac{2 \cdot 1}{3 \cdot 1} = \frac{2}{3}$$

Multipliziere **Zähler mit Zähler** und **Nenner mit Nenner**. Um große Zahlen zu vermeiden, kannst du evtl. **erst kürzen**, ehe du die Produkte berechnest. Kürze hier 8 mit 4 sowie 3 mit 9 „über Kreuz“.

c Berechne: $3\frac{1}{2}\cdot\left(-1\frac{4}{5}\right)$

Lösung:

$3\frac{1}{2}\cdot\left(-1\frac{4}{5}\right)=\frac{7}{2}\cdot\left(-\frac{9}{5}\right)$ — Wandle die gemischten Zahlen zunächst in **unechte Brüche** um.

$=-\frac{7\cdot 9}{2\cdot 5}$ — Schreibe das **Minus vor den neuen Bruch**.

$=-\frac{63}{10}=-6\frac{3}{10}$ — Schreibe das **Ergebnis** wieder **als gemischte Zahl**.

Erinnere dich an die Regeln der Multiplikation von ganzen Zahlen:

WISSEN

Bei der Multiplikation von Zahlen, also auch von Brüchen, gilt:

- \+ mal + ergibt + und – mal – ergibt +
- \+ mal – ergibt – und – mal + ergibt –

55 Berechne. Kürze zuerst, wenn möglich.

a $\frac{3}{7}\cdot\frac{5}{4}$

b $-\frac{1}{2}\cdot\frac{3}{5}$

c $\frac{2}{3}\cdot\left(-\frac{9}{11}\right)$

d $\frac{5}{8}\cdot\frac{4}{7}$

e $\frac{2}{9}\cdot\frac{3}{8}$

f $-\frac{16}{7}\cdot\frac{28}{64}$

g $7\cdot\frac{3}{14}$

h $-5\cdot\frac{11}{15}$

i $\frac{5}{8}\cdot(-16)$

j $1\frac{1}{2}\cdot\frac{4}{3}$

k $\frac{11}{17}\cdot 2\frac{3}{22}$

l $\left(-\frac{8}{17}\right)\cdot\left(-2\frac{1}{8}\right)$

m $-9\cdot 3\frac{11}{27}$

n $2\frac{3}{8}\cdot 8\frac{2}{3}$

56 Das Produkt zweier benachbarter Brüche steht direkt über diesen Brüchen. Ermittle die fehlenden Zahlen und kürze immer so weit wie möglich.

a

b

57 Fülle die Lücken.

a $\frac{4}{3} \cdot \frac{\square}{\square} = \frac{16}{21}$

b $\frac{\square}{4} \cdot \frac{1}{3} = \frac{5}{12}$

c $\frac{4}{\square} \cdot \frac{6}{7} = \frac{24}{35}$

d $\frac{\square}{6} \cdot \frac{3}{5} = \frac{1}{10}$

* e $\frac{2}{9} \cdot \frac{\square}{5} = \frac{2}{15}$

* f $\frac{\square}{11} \cdot \frac{2}{7} = 1\frac{3}{7}$

58 Multipliziere die Summe aus $\frac{3}{8}$ und $\frac{1}{6}$ mit der Differenz der Zahlen $\frac{3}{4}$ und $\frac{3}{10}$.

* **59** Tom möchte die zwei gegenüberliegenden Wände eines Kinderzimmers, die weder Fenster noch Türen haben, mit blauer Farbe streichen. Eine Wand ist $4\frac{3}{5}$ m breit und $3\frac{3}{4}$ m hoch.
Wie viele Farbeimer muss er kaufen, wenn einer für 10 m^2 reicht?

60 Ergänze.

a	b	c	a · b	b · c	a · c	b · a	a · b · c
$\frac{2}{5}$	$\frac{15}{16}$	$\frac{8}{9}$					
$2\frac{4}{5}$	$1\frac{7}{8}$	$3\frac{1}{2}$					

3 Division von Brüchen

Hannes findet im Schrank $\frac{3}{4}$ einer Schokoladentafel und möchte diese mit seinen Eltern gerecht teilen. Welchen Anteil bekommt jeder?

$\frac{3}{4} : 3 = ?$

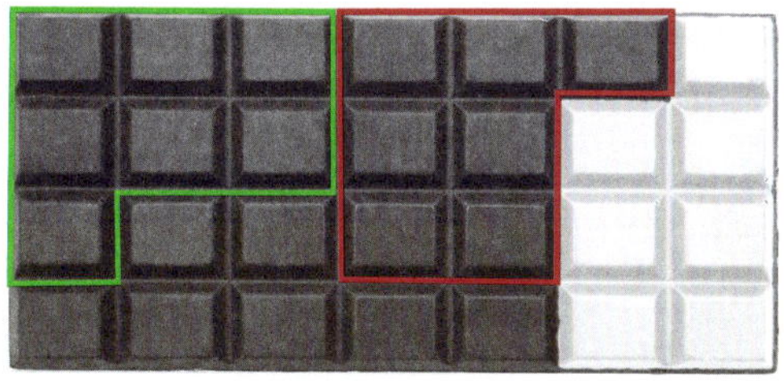

WISSEN

- Vertauscht man in einem Bruch Zähler und Nenner, erhält man den **Kehrwert** eines Bruches. Der Kehrwert von $\frac{a}{b}$ ist $\frac{b}{a}$.
- Ein **Bruch** wird **durch eine ganze Zahl dividiert**, indem man den Nenner mit der ganzen Zahl multipliziert und den Zähler beibehält:
  $\frac{a}{b} : c = \frac{a}{b \cdot c}$ $\quad (b \neq 0, c \neq 0)$
- **Zwei Brüche** werden **dividiert**, indem man den ersten Bruch mit dem **Kehrwert** des zweiten Bruches **multipliziert**:
  $\frac{a}{b} : \frac{c}{d} = \frac{a}{b} \cdot \frac{d}{c} = \frac{a \cdot d}{b \cdot c}$ $\quad (b \neq 0, c \neq 0, d \neq 0)$
- **Gemischte Zahlen** müssen vorher in unechte Brüche umgewandelt werden.

BEISPIEL

a Teile $\frac{3}{4}$ der Schokoladentafel durch 3.

Lösung:

$\frac{3}{4} : 3 = \frac{\cancel{3}^{1}}{4 \cdot \cancel{3}_{1}} = \frac{1}{4}$

Du kannst gleich den Nenner mit 3 multiplizieren. Kürze, wenn möglich.

b Zur Herstellung eines Fruchtmixes stehen Josefine $\frac{3}{4}$ ℓ Pfirsichsaft zur Verfügung. Je Drink benötigt sie $\frac{1}{8}$ ℓ davon.
Berechne, wie viele Pfirsichmixgetränke sie maximal herstellen kann.

Lösung:

$\frac{3}{4} : \frac{1}{8} = \frac{3}{4} \cdot \frac{8}{1} = \frac{3 \cdot \cancel{8}^{2}}{{}_{1}\cancel{4} \cdot 1} = \frac{6}{1} = 6$

Der Kehrwert von $\frac{1}{8}$ ist $\frac{8}{1}$.

Sie kann maximal 6 Pfirsichmixgetränke herstellen.

Vertiefe dein Wissen!

c Dividiere $1\frac{2}{3}$ durch $\frac{7}{9}$.

Lösung:

$$1\frac{2}{3} : \frac{7}{9} = \frac{5}{3} : \frac{7}{9} = \frac{5}{3} \cdot \frac{9}{7} = \frac{5 \cdot \cancel{9}^{3}}{_{1}\cancel{3} \cdot 7} = \frac{15}{7}$$

Die gemischte Zahl wird zuerst in einen **unechten Bruch** umgewandelt.

d Berechne $\frac{\frac{4}{3}}{\frac{5}{6}}$.

Lösung:

$$\frac{\frac{4}{3}}{\frac{5}{6}} = \frac{4}{3} : \frac{5}{6} = \frac{4}{3} \cdot \frac{6}{5} = \frac{4 \cdot 6}{3 \cdot 5} = \frac{24}{15} = \frac{8}{5}$$

Da ein Bruch auch als Division aufgefasst werden kann, kann der **Doppelbruch** als **Division zweier Brüche** verstanden werden.

61 Verbinde Bruch und Kehrwert miteinander.

62 Berechne und kürze ggf. so weit wie möglich.

a $\frac{1}{2} : \frac{1}{3}$

b $-\frac{3}{4} : \frac{1}{9}$

c $\frac{3}{5} : \frac{9}{10}$

d $6 : \left(-\frac{3}{8}\right)$

e $1 : \frac{4}{15}$

f $1\frac{1}{2} : \frac{3}{8}$

g $0 : \frac{1}{7}$

h $\left(-\frac{3}{8}\right) : (-6)$

i $\frac{\frac{3}{4}}{\frac{3}{4}}$

j $\frac{1}{\frac{5}{9}}$

63 Das Produkt zweier benachbarter Brüche steht direkt über diesen Brüchen. Ermittle die fehlenden Zahlen und kürze immer so weit wie möglich.

a

b

64 Eine Kiste wiegt 645 kg. Darin befinden sich lauter $1\frac{1}{2}$-kg-Pakete mit Äpfeln. Wie viele Pakete sind in der Kiste?

65 Im Stadtpark sollen auf einer Fläche von 50 m^2 Sträucher gepflanzt werden. Jedem Strauch sollen dabei $1\frac{3}{10}$ m^2 Fläche zur Verfügung stehen.
Berechne, wie viele Sträucher maximal gepflanzt werden können.

Verbindung der vier Grundrechenarten – Vermischte Aufgaben

66 Ordne die Segelboote den Rettungsringen zu.

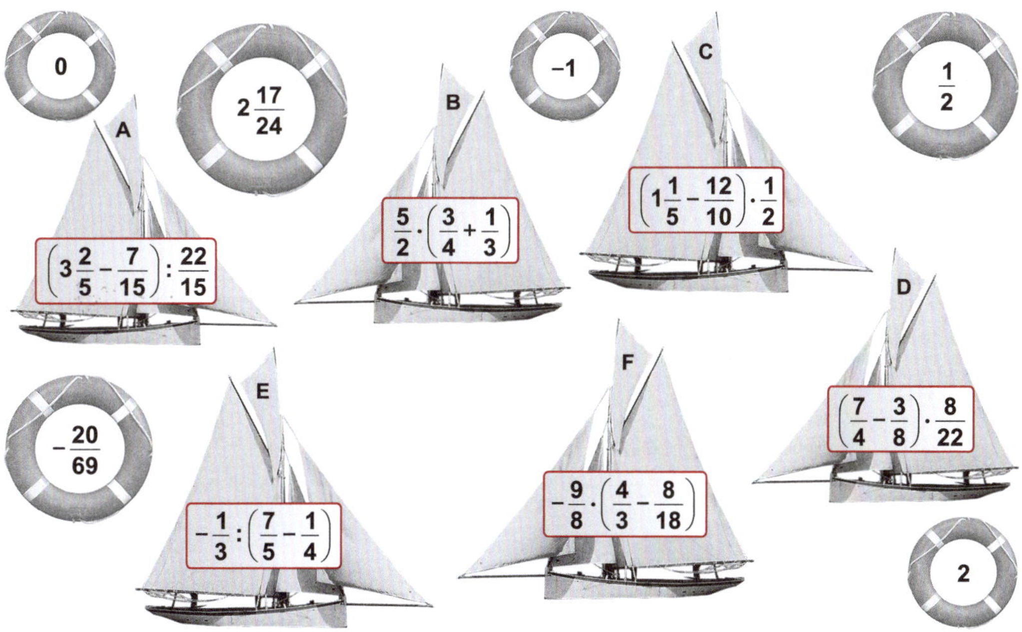

67 Die richtigen Lösungsbuchstaben ergeben den Heimathafen des Schiffes. Du musst die Buchstaben aber vorher in die richtige Reihenfolge bringen.

a) $\left(\frac{5}{6}+\frac{1}{3}\right):\left(\frac{2}{9}\cdot\frac{3}{4}\right)$ — W = 7 oder H = $\frac{1}{7}$

b) $\frac{3}{8}\cdot\left[\frac{2}{3}-\left(\frac{1}{15}+\frac{7}{12}\right)\right]$ — K = 16 oder R = $\frac{1}{160}$

c) $\left(\frac{4}{9}\cdot\frac{3}{8}\right):\left(\frac{1}{3}-\frac{1}{2}\right)$ — N = $\frac{1}{2}$ oder M = –1

d) $\left(\frac{7}{9}+\frac{3}{4}\right):1\frac{1}{2}$ — O = $\frac{4}{45}$ oder I = $1\frac{1}{54}$

e) $\left[\left(1\frac{3}{8}-1\frac{7}{9}\right)\cdot 4\right]:\frac{1}{9}$ — A = $-14\frac{1}{2}$ oder U = $9\frac{1}{2}$

f) $\left(-\frac{1}{8}:\frac{3}{4}\right)\cdot\left(-3\frac{1}{3}\right)+\left(\frac{16}{27}:\frac{4}{3}\right)$ — G = $\frac{5}{8}$ oder S = 1

Hafen: ☐☐☐☐☐☐

68 Der Smutje hat sich einen Scherz erlaubt und alle Rettungswesten mit Rechenaufgaben versehen. Um die Mannschaft bei Laune zu halten, soll sie die Westen nach dem Wert des Ergebnisses ordnen und die Buchstaben entsprechend dieser aufsteigenden Reihenfolge aufschreiben. Welche Botschaft kommt hier heraus?

TIPP
Unterscheide beim Ordnen nach Ergebnissen kleiner und größer 1.

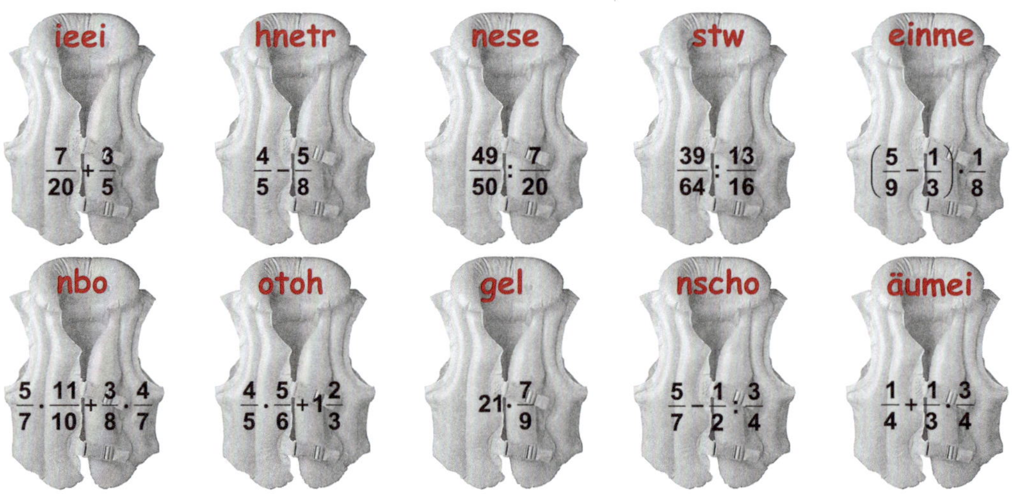

Botschaft (setze Trennlinien):

☐☐☐☐☐☐☐☐☐☐☐☐☐☐☐☐☐☐☐☐☐

☐☐☐☐☐☐☐☐☐☐☐☐☐☐☐☐☐☐☐☐.

60 Minuten

Test 2

1 Vervollständige die Tabelle und notiere alle Nebenrechnungen.

a	b	a + b	a − b	a · b	a : b
4	$\frac{4}{7}$				
	$1\frac{1}{3}$	$2\frac{1}{6}$			
$-\frac{1}{2}$	$\frac{4}{9}$				

___ von 12

2 Ergänze so, dass wahre Aussagen entstehen.

a $\frac{4}{3} \cdot \frac{\square}{\square} = \frac{12}{15}$

b $\frac{\square}{7} \cdot \frac{4}{6} = \frac{24}{42}$

c $\frac{3}{5} \cdot \frac{\square}{6} = \frac{3}{10}$

d $\frac{2}{9} \cdot \frac{\square}{5} = 1\frac{3}{15}$

___ von 4

3 Berechne und kürze vollständig.

a $\frac{1}{24} + \frac{5}{12} + \frac{3}{8}$

b $\frac{5}{6} - \left(\frac{1}{42} + \frac{1}{7}\right)$

c $\frac{5}{3} \cdot \left(\frac{2}{9} + \frac{1}{6}\right)$

d $\left(\frac{7}{4} - \frac{5}{8}\right) : \frac{3}{4}$

e $\frac{6}{7} \cdot \frac{4}{9} - \frac{1}{7} : \frac{3}{5}$

f $3\frac{1}{3} - \left[\left(\frac{1}{2} + \frac{3}{8}\right) : \frac{3}{16}\right]$

___ von 12

4 Caro möchte aus frischen Früchten einen Saft pressen. Am Ende mixt sie $1\frac{1}{2}\,\ell$ Apfelsaft, $1\frac{3}{8}\,\ell$ Orangensaft, $\frac{1}{12}\,\ell$ Maracujasirup und $\frac{3}{4}\,\ell$ Mineralwasser.
Wie viele Gläser mit je $\frac{1}{3}\,\ell$ kann Caro mit diesem Mix füllen?

___ von 4

5 Füge die Puzzleteile zu korrekten Rechnungen zusammen. Eine Rechnung besteht aus 5 Puzzleteilen, aus jeder Spalte genau eines.

$\frac{1}{2}$	+	$\frac{3}{4}$	=	$\frac{13}{36}$
$\frac{2}{3}$	+	$\frac{7}{8}$	=	$-\frac{1}{11}$
$1\frac{1}{4}$	–	$\frac{2}{5}$	=	$-\frac{1}{12}$
$2\frac{1}{2}$	–	$\frac{8}{9}$	=	$3\frac{3}{8}$
$\frac{6}{11}$	–	$\frac{7}{11}$	=	$\frac{9}{10}$

____ von 5

37 bis 27	26 bis 18	17 bis 0

So lange habe ich gebraucht: ____________

So viele Punkte habe ich erreicht: ____________

Dezimalzahlen

Kuchen backen ?

Anja und Lena wollen Kuchen backen und finden im Rezept folgende Angaben:

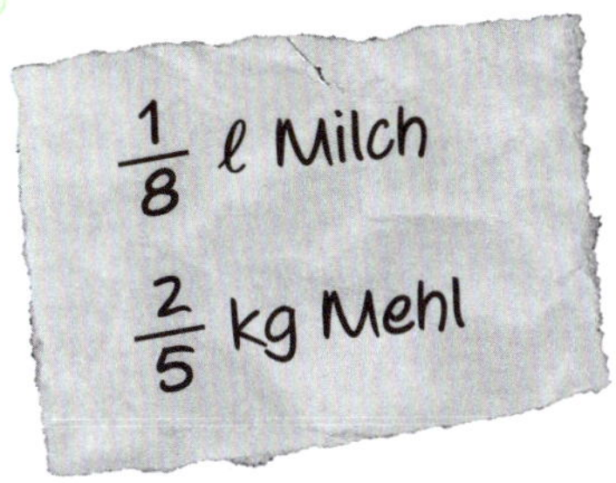

Den beiden Mädchen stehen zwei Messbecher zur Verfügung.

Messbecher 1:
Skala von 0 bis 1200 *mℓ*

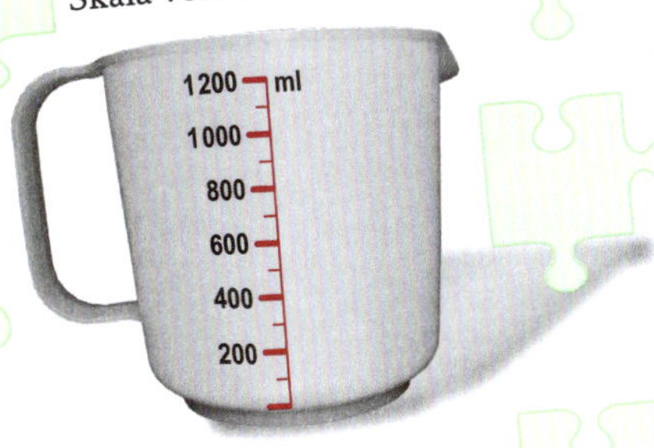

Messbecher 2:
Skala von 0 bis 700 g

Hilf Anja und Lena beim Abmessen der Zutaten.

1 Dezimalzahlen bzw. Dezimalbrüche

Viele Maße werden nicht als Bruchzahlen angegeben, sondern in der **Kommaschreibweise**.

1,37 m

7,5 t

15,365 s

WISSEN

Dezimalzahlen bzw. Dezimalbrüche

- Zahlen mit einem **Komma** heißen Dezimalzahlen oder Dezimalbrüche.
- Vor dem Komma stehen die Ganzen, nach dem Komma die **Dezimalen** bzw. **Dezimalstellen**.
- Nach dem Komma stehen an der 1. Stelle die Zehntel (**z**), an der 2. Stelle die Hundertstel (**h**), an der 3. Stelle die Tausendstel (**t**), an der 4. Stelle die Zehntausendstel (**zt**) usw.
- Dezimalzahlen lassen sich in einer erweiterten **Stellenwerttafel** darstellen.

BEISPIEL

a Stelle die Dezimalzahlen 1,37 und 7,5 und 15,365 in der Stellenwerttafel dar.

Lösung:

Zahl	H	Z	E	z	h	t	zt
1,37			1	3	7		
7,5			7	5			
15,365		1	5	3	6	5	

b Schreibe 9 H, 5 E, 1 z, 3 t als Dezimalzahl.

Lösung:

905,103

Die Zahl besteht aus 9 Hundertern, **0 Zehnern**, 5 Einern, 1 Zehntel, **0 Hundertstel** und 3 Tausendstel.

Vertiefe dein Wissen!

69 Vervollständige die Stellenwerttafel.

Zahl	ZT	T	H	Z	E	z	h	t	zt
4,29									
				2	3	0	7		
0,0125									
75 909,9									
			8	7	2	9	2	4	
						2	2	0	2

70 Schreibe als Dezimalzahl.

a 4 H, 2 E, 1 h

b 1 T, 5 H, 3 E, 5 h, 1 zt

c 2 ZT, 1 z, 7 t

d 8 ZT, 2 Z, 5 z, 7 h

71 Schreibe in Euro (€) bzw. in Kilogramm (kg).

TIPP
1 € = 100 ct
1 kg = 1 000 g

a

b

c

d

e

f

72 Ordne zu.

Stellst du Dezimalzahlen auf der **Zahlengeraden** dar, wirst du merken, dass du für jede Dezimalzahl immer eine Bruchzahl findest, die an derselben Stelle steht. Um z. B. die Dezimalzahl 0,9 auf der Zahlengeraden darzustellen, teilst du die Strecke zwischen 0 und 1 in 10 gleich große Teile und zählst dann 9 Teile von der 0 ausgehend nach rechts ab. Die Dezimalzahl 0,25 liegt mittig zwischen 0,2 und 0,3.

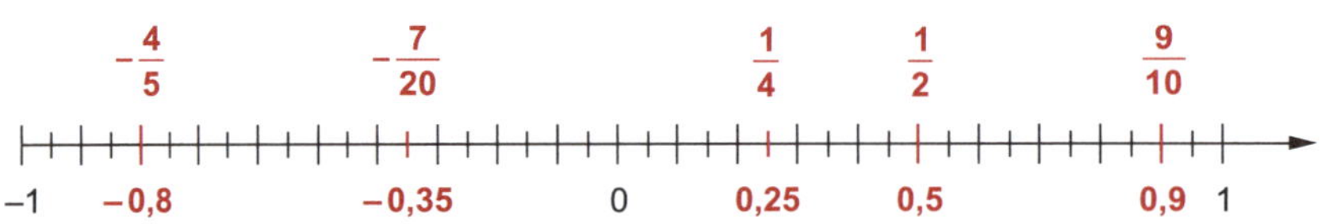

WISSEN

Umwandlung von Dezimalzahlen in Brüche

- Im Zähler des Bruchs stehen die Dezimalen.
- Im Nenner steht eine Zehnerpotenz (10, 100, 1 000 usw.) mit so vielen Nullen, wie die Dezimalzahl Dezimalen hat.
- Die entstehenden Brüche heißen **Zehnerbrüche**.

BEISPIEL

a 1,**37** m

↓ (**2** Dezimalen)

$1\frac{37}{100}$ m

7,**5** t

↓ (**1** Dezimale)

$7\frac{5}{10}$ t

15,**365** s

↓ (**3** Dezimalen)

$15\frac{365}{1000}$ s

b Schreibe 1,73 und –0,0028 jeweils als Bruch.

Lösung:

$1{,}\mathbf{73} = 1\frac{\mathbf{73}}{1\mathbf{00}}$

Die **2** Dezimalen werden in den **Zähler** geschrieben. Im Nenner steht eine 1 mit **zwei Nullen**.

$-0{,}\mathbf{0028} = -\frac{\mathbf{28}}{10\,000}$

Im Zähler eines Bruchs steht immer eine ganze Zahl. Darum kannst du **0028 als 28** schreiben. Das Minus wird **vor den Bruch** geschrieben.

c Schreibe 0,45 als Bruch mit kleinstmöglichem Nenner.

Lösung:

$0{,}45 = \frac{45}{100} = \frac{9}{20}$

Nachdem die Dezimalzahl in einen Bruch umgewandelt wurde, kannst du den Bruch noch **kürzen**.

73 Kreise alle Dezimalzahlen mit grüner Farbe, alle Zehnerbrüche mit roter Farbe und alle anderen Brüche mit schwarzer Farbe ein.

$-\frac{4}{7}$ $-0{,}789$ $\frac{2}{10}$ $15{,}25$ $\frac{48}{100}$ $99{,}99$ $\frac{10}{19}$

$\frac{3}{11}$ $-\frac{567}{1000}$ $-0{,}1$ $7{,}8$ $\frac{1}{2}$ $0{,}001$ $13{,}2777$ $\frac{1}{100}$

74 Vervollständige.

a $0{,}4 = \frac{4}{\square}$

b $0{,}034 = \frac{\square}{1\,000}$

c $\square = \frac{57}{1\,000}$

d $0{,}0622 = \frac{\square}{\square}$

75 Schreibe als Bruch und kürze, falls möglich.

a 0,25

b 1,7

c –3,952

d 0,049

e 37,20

f –525,8

76 Tim hat von den Zahlen 0,8; 0,45; 4,3; 2,0; 7,1; 8,9 und 11,75 bisher nur die 4,3 auf dem Lineal markiert. Markiere die restlichen.

77 Trage die Dezimalzahlen auf der Zahlengeraden ein. Wähle jeweils eine geeignete Einteilung.

a 0,2; 0,45; 0,95; 0,59; 0,7

b 1,2; 1,08; 1,85; 1,43; 2

c 4,2; 4,25; 4,3; 4,275; 4,293

d 0,01; 0,02; –0,005; –0,007; –0,016

Zehnerbrüche lassen sich sofort als Dezimalzahlen schreiben, doch wie steht es mit Brüchen, die keine Zehnerbrüche sind, also im Nenner keine 10, 100, 1 000 usw. stehen haben?

WISSEN

Umwandlung von Brüchen in Dezimalzahlen

- **Erweitere oder kürze** den Bruch, bis im Nenner eine Zehnerpotenz (10, 100, 1 000 usw.) steht. Erzeuge also einen Zehnerbruch.
- Die **Anzahl der Nullen** im Nenner gibt an, wie viele Dezimalen die zugehörige Dezimalzahl hat.
- Das Komma trennt die Ganzen von den Bruchteilen.

BEISPIEL

a Wandle die Brüche $\frac{17}{100}$ und $\frac{5}{1\,000}$ in Dezimalzahlen um.

Lösung:

$\frac{17}{100} = 0{,}17$ — Im Nenner stehen **2 Nullen**, nach dem Komma müssen daher 2 Dezimalen stehen.

$\frac{5}{1\,000} = 0{,}005$ — Im Nenner stehen 3 Nullen, also muss die Dezimalzahl 3 Dezimalen haben. **Ergänze** daher **2 Nullen** zwischen dem Komma und der 5.

b Wandle die Brüche $\frac{3}{20}$ und $\frac{16}{400}$ in Dezimalzahlen um.

Lösung:

$\frac{3}{20} = \frac{3 \cdot \mathbf{5}}{20 \cdot \mathbf{5}} = \frac{15}{100} = 0{,}15$ Der Bruch wird zunächst **mit 5 erweitert**.

$\frac{16}{400} = \frac{16 : \mathbf{4}}{400 : \mathbf{4}} = \frac{4}{100} = 0{,}04$ Der Bruch wird zunächst **mit 4 gekürzt**.

c Schreibe $1\frac{1}{5}$ als Dezimalzahl.

Lösung:

$\mathbf{1}\frac{1}{5} = \mathbf{1}\frac{1 \cdot 2}{5 \cdot 2} = \mathbf{1}\frac{2}{10} = \mathbf{1},2$ Die **Ganzen** werden **vor** das **Komma** geschrieben.

78 Schreibe als Dezimalzahl.

a $\frac{3}{10}$ **b** $\frac{5}{100}$

c $-1\frac{17}{100}$ **d** $-\frac{37}{1\,000}$

e $\frac{634}{100}$ **f** $\frac{97}{10\,000}$

79 Fülle die Lücken, indem du die Brüche zunächst passend erweiterst oder kürzt.

a $\frac{8}{25} = \frac{8 \square}{25 \square} = \frac{32}{100} = 0{,}32$ **b** $-\frac{3}{5} = -\frac{3 \square}{5 \square} = -\frac{\square}{\square} = -\square$

c $\frac{70}{350} = \frac{70 \square}{350 \square} = \frac{\square}{\square} = \square$ **d** $\frac{18}{90} = \frac{18 \square}{90 \square} = \frac{\square}{\square} = \square$

80 Welche Zahlen sind verdeckt?

a $\frac{65}{\square} = 0{,}26$ **b** $\frac{\square}{200} = 0{,}035$

c $0{,}85 = \frac{17}{\square}$ **d** $-\frac{3}{40} = \square$

81 Verbinde und finde heraus, wie Sandras Freunde heißen.

Bruch	Erweitern Kürzen	Dezimalzahl
L $\frac{1}{2}$	E $\cdot 125$	O 0,12
N $\frac{3}{25}$	I $\cdot 625$	A 0,5
A $\frac{98}{200}$	E $\cdot 4$	A 0,3125
L $\frac{1}{8}$	E $\cdot 5$	O 0,125
M $\frac{5}{16}$	V $:2$	A 0,49

Bruch	Erweitern Kürzen	Dezimalzahl
B $\frac{8}{40}$	A $\cdot 8$	M 0,03
B $\frac{6}{60}$	E $:4$	A 0,1
K $\frac{9}{300}$	I $\cdot 25$	A 0,75
S $\frac{19}{125}$	E $:6$	M 0,152
P $\frac{3}{4}$	I $:3$	N 0,2

2 Periodische Dezimalzahlen

Bei vielen Brüchen versucht man vergeblich, sie in einen Zehnerbruch und auf diese Weise in eine Dezimalzahl umzuwandeln. Entweder sieht man einfach die passende Kürzungs- bzw. Erweiterungszahl nicht, oder es geht einfach tatsächlich nicht. In diesen Fällen muss man den Bruch als Division verstehen und Zähler durch Nenner teilen, also eine **schriftliche Division** durchführen.
Es kann dir hierbei aber auch passieren, dass du teilst und teilst und teilst und doch immer einen Rest hast. Probiere dies doch mal bei $\frac{1}{3}$ oder $\frac{5}{6}$.
Und, was hast du herausbekommen?

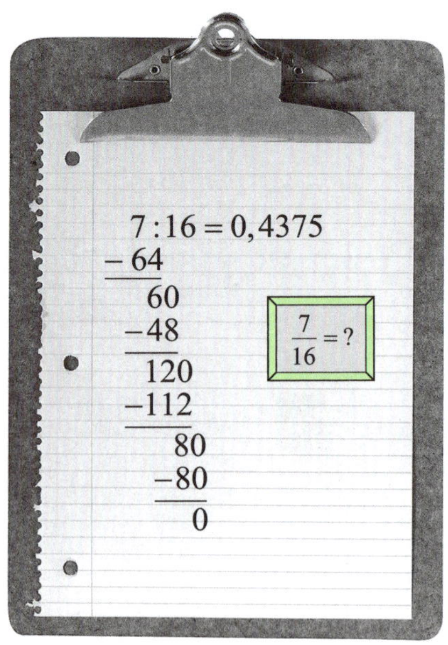

WISSEN

Periodische Dezimalzahlen
Dezimalzahlen, bei denen sich eine Ziffer oder eine Folge von Ziffern nach dem Komma immer wiederholt, heißen **periodisch**.

- Wiederholt sich die Ziffer oder Ziffernfolge direkt nach dem Komma, spricht man von **reinperiodischen Dezimalzahlen**.
- Wiederholt sich die Ziffer oder Ziffernfolge nicht direkt nach dem Komma, spricht man von **gemischt-periodischen Dezimalzahlen**.

BEISPIEL

a Wandle $\frac{1}{3}$ in eine Dezimalzahl um.

Lösung:

$1:3 = 0{,}\mathbf{333}\ldots$
-9
10
-9
10
-9
10

$\Rightarrow \frac{1}{3} = 0{,}\overline{\mathbf{3}}$

Die schriftliche Division zeigt, dass man immer und immer wieder den Rest 1 hat. Nach dem Komma steht also **unendlich oft die 3**.

Statt 333… schreibt man $\overline{3}$.
Man spricht für $0{,}\overline{3}$: **„Null Komma Periode 3“**

Es handelt sich hier um eine **reinperiodische** Dezimalzahl, da die sich wiederholende Ziffer direkt nach dem Komma steht.

b Matthias vermacht seinem kleinen Bruder Timothy 5 seiner 6 Modellautos. Stelle diesen Anteil als Dezimalzahl dar.

Lösung:

$5:6 = 0{,}\mathbf{833}\ldots$
-48
20
-18
20
-18
20

$\Rightarrow \frac{5}{6} = 0{,}\mathbf{8}\overline{\mathbf{3}}$

Direkt nach dem Komma steht die Ziffer 8, die sich **nicht wiederholt**. Danach folgt die Ziffer 3, die sich ständig wiederholt. Darum handelt es sich hier um eine **gemischt-periodische** Dezimalzahl.

Für $0{,}8\overline{3}$ spricht man: **„Null Komma 8 Periode 3“**

Vertiefe dein Wissen!

c Schreibe $\frac{2}{7}$ als Dezimalzahl.

Lösung:

$$
\begin{array}{l}
\;\;2:7 = 0{,}\mathbf{285714}28\ldots \\
\underline{\mathbf{-14}} \\
\;\;\;\mathbf{60} \\
\;\;\underline{-56} \\
\;\;\;\;\;40 \\
\;\;\;\;\underline{-35} \\
\;\;\;\;\;\;\;50 \\
\;\;\;\;\;\;\underline{-49} \\
\;\;\;\;\;\;\;\;\;10 \\
\;\;\;\;\;\;\;\;\;\underline{-7} \\
\;\;\;\;\;\;\;\;\;\;30 \\
\;\;\;\;\;\;\;\;\;\underline{-28} \\
\;\;\;\;\;\;\;\;\;\;\;\;20 \\
\;\;\;\;\;\;\;\;\;\;\;\underline{\mathbf{-14}} \\
\;\;\;\;\;\;\;\;\;\;\;\;\;\;\mathbf{60} \\
\;\;\;\;\;\;\;\;\;\;\;\;\;\;\ldots
\end{array}
$$

$$\Rightarrow \frac{2}{7} = 0{,}\overline{285714}$$

Hier wiederholt sich eine ganze Ziffernfolge direkt nach dem Komma. Du erkennst dies daran, dass sich beim schriftlichen Dividieren ab einem gewissen Zeitpunkt die **Zahlen wiederholen**.

Das Ergebnis ist eine **reinperiodische** Dezimalzahl.

82 Schreibe als Dezimalzahl.

a $\frac{2}{3}$

b $\frac{2}{9}$

c $-\frac{5}{7}$

d $\frac{21}{11}$

e $\frac{4}{3}$

f $-\frac{6}{11}$

83 Streiche die Zahl durch, die nicht zu den jeweils anderen passt.

3 Vergleichen und Ordnen von Dezimalzahlen

Janinas Schlittschuhe kosteten 89,99 € und waren somit **teurer** als Annas Schlittschuhe für 89,95 €. Janina läuft eine Runde in 30,45 s und ist somit **langsamer** als Anna, die für eine Runde nur 30,33 s benötigt. Anna springt einen Axel mit 2,5 Umdrehungen, Janina nur einen mit 1,5 Umdrehungen. Anna schafft also **mehr** Umdrehungen.

WISSEN

Vergleiche bei zwei Dezimalzahlen, wie bei den natürlichen Zahlen, die Stellenwerte **von links nach rechts**. Der erste Stellenwert, an dem sich die Ziffern unterscheiden, bestimmt, welche Zahl größer ist.

BEISPIEL

Vergleiche 15,03 und 15,032.

Lösung:

15,03**0** < 15,03**2**

Beim Vergleich von Dezimalzahlen kannst du beliebig viele **Endnullen** anhängen oder weglassen. Der Wert der Zahl ändert sich dabei nicht. **0** ist kleiner als **2**, also ist 15,03 kleiner als 15,032.

84 Streiche so viele Nullen, ohne dass sich der Wert der Dezimalzahl ändert.

a 23,900 b 0,340

c 7,0005 d 200,0

85 Setze ein: <, > oder =?

a 12,69 ☐ 12,58 b 15,783 ☐ 15,779

c 0,998 ☐ 0,9980 d 1,0004 ☐ 1,04

86 Vergleiche jeweils mit 27,94088 und kreuze an. Hänge ggf. Endnullen an.

27,9408	27,9407	27,09	27	27,96052	27,94089
☐ kleiner ☐ größer	☐ kleiner ☐ größer	☐ kleiner ☐ größer	☐ kleiner ☐ größer	☐ kleiner ☐ größer	☐ kleiner ☐ größer

Vertiefe dein Wissen!

87 Ordne, beginne jeweils mit der kleinsten Zahl.

a 5,39; 4,123; 6,725; 4,132; 5,172; 6,172; 10,9; 3,83

b 0,902; 0,092; 0,029; 0,209; 0,075

Die Tabelle zeigt die durchschnittliche Januartemperatur in 3 Städten Finnlands. In Sodankylä war es kälter als in Jyväskylä und dort war es kälter als in Helsinki. In Berlin war es vergleichsweise am wärmsten.

Sodankylä (Norden)	–10,5 °C
Jyväskylä (Mittelfinnland)	–6,8 °C
Helsinki (Süden)	–3,1 °C
Zum Vergleich: Berlin	–0,3 °C

Auf einer Zahlengeraden:

WISSEN

Für alle Dezimalzahlen (positive wie negative) gilt: Die Dezimalzahl, die auf der **Zahlengeraden** weiter **rechts** steht, ist **größer**.

BEISPIEL

Stelle die Zahlen an der Zahlengeraden dar und vergleiche:
–2,4; –3,6; –2,9; 2,4; 3,6; 2,9

Lösung:

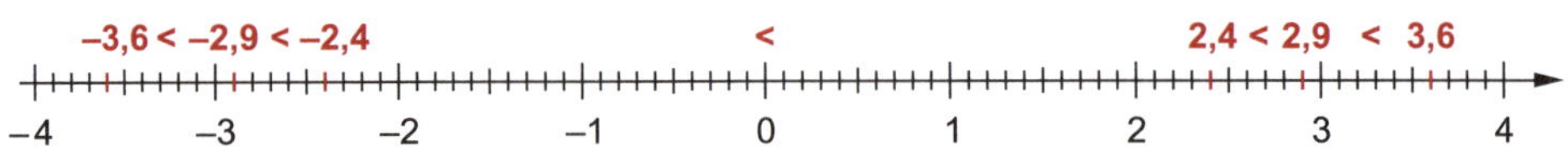

–3,6 < –2,9 < –2,4 < 2,4 < 2,9 < 3,6

Negative Dezimalzahlen sind immer kleiner als positive. –2,4 und 2,4 sind **Gegenzahlen**. Dies gilt auch für –2,9 und 2,9 sowie –3,6 und 3,6. Die Ordnung ist genau entgegengesetzt: 2,4 < 2,9 < 3,6
aber: –2,4 > –2,9 > –3,6

88 Gib an, welche Zahl genau in der Mitte liegt.

a 5,6 und 5,7

b 0,12 und 0,14

c –0,01 und –0,02

d –12,33 und –12,65

Vertiefe dein Wissen!

89 Markiere die Temperaturen auf dem Thermometer und gib an, wo es am wärmsten und wo es am kältesten ist.

Istanbul	12,2 °C
Moskau	0,2 °C
Rom	14,1 °C
Abu Dhabi	24,2 °C
New York	12,5 °C
Chicago	–4,4 °C
Peking	–0,9 °C
Palermo	14,8 °C
Singapur	31,2 °C
Irkutsk	–23,7 °C

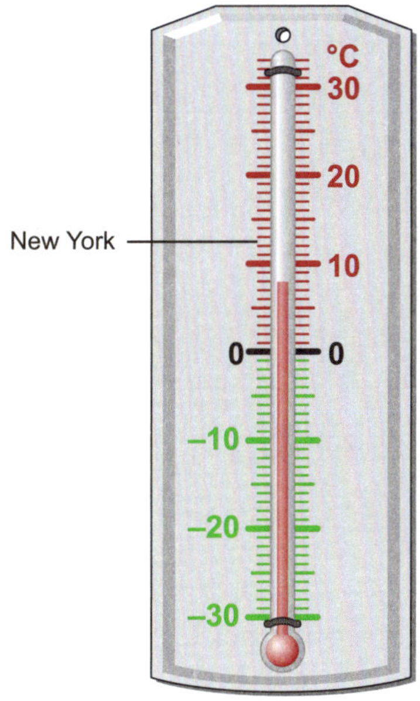

am wärmsten: ____________

am kältesten: ____________

90 Gib jeweils die kleinste und die größte Zahl an.

a $8{,}245;\ 2{,}3;\ -1{,}23;\ -3{,}54;\ 2{,}\overline{3}$

b $-0{,}35;\ 6{,}58;\ 9{,}666;\ 9{,}67;\ -0{,}3$

c $6{,}444;\ 6{,}434;\ 6{,}322;\ 6{,}325$

d $-1{,}1;\ -1{,}19;\ -1{,}91;\ -1{,}1\overline{9};\ -1{,}99$

4 Runden von Dezimalzahlen

Gerade bei Mengenangaben findest du oft nur **Näherungswerte**.

Leergewicht Golf VII	Joghurt	maximale Aufzugslast
etwa 1,3 t	**ca.** 1 g Fett	**rund** 630 kg

WISSEN

Dezimalzahlen werden wie natürliche Zahlen gerundet: Die Zahl **rechts von der Stelle**, auf die gerundet werden soll, gibt an, ob auf- oder abgerundet wird.

- Bis zur Ziffer 4 wird **abgerundet**. Die Stelle, auf die gerundet wird, bleibt gleich.
- Ab der Ziffer 5 wird **aufgerundet**. Die Stelle, auf die gerundet wird, wird um 1 erhöht.

Vertiefe dein Wissen!

BEISPIEL

Entscheide jeweils, ob richtig gerundet wurde:
$1{,}256 \approx 1{,}25$; $3{,}41 \approx 3{,}4$; $25{,}97 \approx 26$

Lösung:

$1{,}256 \approx 1{,}25$	**falsch**	Bei Ziffer 6 wird **aufgerundet**: $1{,}256 \approx 1{,}26$
$3{,}41 \approx 3{,}4$	**richtig**	Bei Ziffer 1 wird **abgerundet**, die Aussage ist wahr.
$25{,}97 \approx 26{,}0$	**richtig**	Bei Ziffer 7 wird **aufgerundet**, die **9 wird zur 10**. Somit werden die **Ganzen um 1 erhöht**.

91 Entscheide, ob auf- (↑) oder abgerundet (↓) wurde.

a $67{,}89 \approx 67{,}9$ b $32{,}555 \approx 32{,}6$

c $0{,}653 \approx 0{,}65$ d $1{,}123 \approx 1{,}1$

92 Geldbeträge werden auf 2 Dezimalen genau angegeben. Runde entsprechend.

Geldbetrag	gerundet
3,429 €	
0,09 €	
112,711 €	

Geldbetrag	gerundet
24,913 €	
378,096 €	
0,045 €	

93 Gib die kleinstmögliche sowie die größtmögliche Zahl an, die eine Dezimalstelle mehr hat und die beim Runden das angegebene Ergebnis hat.

a ☐ → 1,3 ← ☐ b ☐ → 8,9 ← ☐

c ☐ → 0,1 ← ☐ d ☐ → 12,2 ← ☐

94 Vervollständige Tatjanas Aufgabe.

Maße für die Renovierung von Herrn Mosels Wohnzimmer

Aufgabe: Alle Angaben auf Zehntel runden

Der Boden hat eine Fläche von ____________ (45,768) m².

Für die Wand braucht Herr Mosel ____________ (38,6358) Liter Farbe.

Für das neue Regal braucht er ____________ (15,6819) m² Holz.

45 Minuten

Test 3

1 Ergänze die Stellenwerttafel.

Zahl	H	Z	E	z	h	t	zt
9,37							
0,032							
	3	2	4	0	9		
					6	6	6

___ von 4

2 Wandle in Brüche um und kürze so weit wie möglich.

a 0,75 **b** –1,7

___ von 4 **c** 0,029 **d** 3,08

3 Gib je vier weitere unterschiedliche Schreibweisen für die angegebene Zahl an.

a $\frac{1}{2}$ **b** 0,4

___ von 4 **c** 1,7 **d** $-\frac{5}{6}$

4 Schreibe als Dezimalzahl.

a $\frac{6}{10}$ **b** $\frac{37}{1\,000}$

c $-\frac{3}{25}$ **d** $1\frac{5}{8}$

___ von 8 **e** $\frac{4}{11}$ **f** $3\frac{2}{7}$

5 Ordne der Größe nach, beginne mit der kleinsten Zahl.

a $0{,}059;\quad 0{,}0509;\quad -0{,}0\overline{5};\quad 0{,}0\overline{51};\quad -0{,}05$

___ von 4 **b** 13,48; 1,348; –1,0348; –1,384; 1,3408

6 Vervollständige die Tabelle.

Zahl	auf Zehntel gerundet	auf Einer gerundet
28,74		
0,55		
112,49		
10,73		

____ von 8

7 Gib jeweils die kleinstmögliche und die größtmögliche Dezimalzahl mit zwei Dezimalen an, die beim Runden das angegebene Ergebnis hat.

a ☐ → 2,4 ← ☐ **b** ☐ → 12,9 ← ☐

c ☐ → 0,1 ← ☐ **d** ☐ → 3,0 ← ☐

____ von 4

36 bis 27	26 bis 18	17 bis 0

So lange habe ich gebraucht: ________

So viele Punkte habe ich erreicht: ________

Rechnen mit Dezimalzahlen

Gold oder nicht?

Ein Bauer fand beim Bearbeiten seines Ackers einen glänzenden Metallklumpen, ging damit zum Goldschmied und wollte für seinen Goldschatz – wie er behauptete – reich belohnt werden.

Der Goldschmied traute der Sache nicht so recht und wollte erst prüfen, ob es sich wirklich um reines Gold handelte. Ihm standen keine chemischen Prüfverfahren, sondern nur eine Waage und ein Messzylinder zur Verfügung.

Aber immerhin waren ihm die Dichte von Gold $\rho = 19{,}3\ \frac{\text{g}}{\text{cm}^3}$

und die Formel Dichte $\rho = \frac{\text{Masse m}}{\text{Volumen V}}$ bekannt.

Mithilfe der Waage konnte der Goldschmied die Masse des Metallklumpens in Gramm ermitteln. Er wog 32,4 g.

Als er den Metallklumpen in den mit Wasser gefüllten Messzylinder legte, konnte er über das Differenzvolumen ermitteln, welches Volumen (Einheit in $m\ell$ bzw. cm^3) der Metallklumpen besaß. Dazu zog er vom neuen Wasservolumen (Zylinder mit Wasser und Metallklumpen) das ursprüngliche Volumen (Zylinder nur mit Wasser) ab. Der Metallklumpen hatte ein Volumen von 2,5 cm^3.

Handelte es sich beim Metallklumpen um reines Gold?

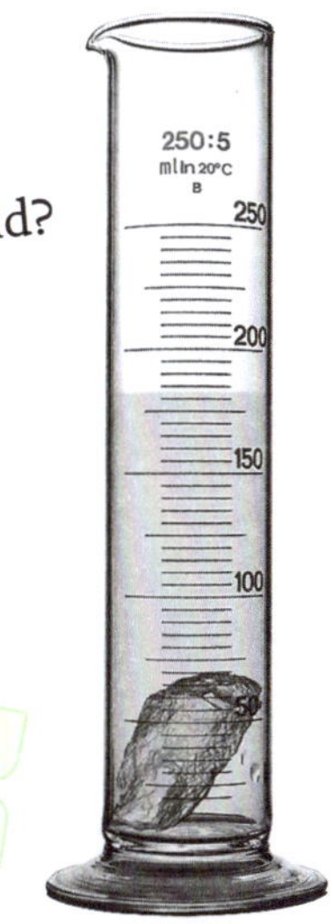

1 Addition und Subtraktion von Dezimalzahlen

Paul wünscht sich Inlineskates mitsamt Ausrüstung. Im Katalog findet er Angebote:

Inlineskates:	79 €
Helm:	39,95 €
Sicherheits-Set:	24,95 €

Er rechnet schnell auf einem Notizzettel:

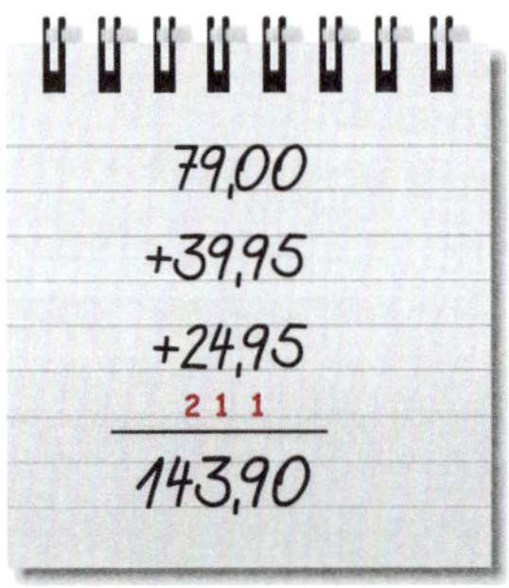

WISSEN

Dezimalzahlen werden **stellenweise** addiert bzw. subtrahiert.

- Schreibe die Zahlen so untereinander, dass **Komma unter Komma** steht.
- Fülle die Lücken am Ende mit **Nullen** auf, mache die Dezimalzahlen also **gleichnamig**.
- Addiere bzw. subtrahiere entsprechende Stellen und achte auf den **Übertrag**.

BEISPIEL

a Berechne $347{,}11 + 2{,}722 + 0{,}04$.

Lösung:

$$\begin{array}{lr} & 347{,}11\mathbf{0} \\ + & 2{,}722 \\ + & 0{,}04\mathbf{0} \\ \hline & 349{,}872 \end{array}$$

Nachdem man die Zahlen **Komma unter Komma** untereinander geschrieben hat, sieht man, wo noch **Endnullen** fehlen, und ergänzt diese, damit am Ende alle Zahlen gleich viele Stellen besitzen. Addiere dann stellenweise **von rechts nach links**.

b Kevin kauft eine Hose für 42,90 € und Socken für 7,99 €. Wie viel zahlt er?

Lösung:

$$\begin{array}{lr} & 42{,}90 \\ + & 7{,}99 \\ & {\scriptstyle 1\;1\;\;\;} \\ \hline & 50{,}89 \end{array}$$ ← Übertrag

Hundertstelstelle: $9 + 0 = 9$
Zehntelstelle: $9 + 9 = 18$ ⇒ „8, **1 gemerkt**"
Einerstelle: $1 + 7 + 2 = 10$ ⇒ „0, **1 gemerkt**"
Zehnerstelle: $1 + 4 = 5$

Vertiefe dein Wissen!

c Ziehe von 11,9 erst 2,35 und dann 4,008 ab.

Lösung:

$$\begin{array}{r} 11{,}9\mathbf{00} \\ -\ \ 2{,}35\mathbf{0} \\ -\ \ 4{,}008 \\ \scriptstyle 1\ \ \ \ 1\,1 \\ \hline 5{,}542 \end{array}$$

← Übertrag

Tausendstelstelle:	10 – 8 = 2	⇒ **Übertrag 1**
Hundertstelstelle:	10 – 5 – 1 = 4	⇒ **Übertrag 1**
Zehntelstelle:	9 – 3 – 1 = 5	
Einerstelle:	11 – 2 – 4 = 5	⇒ **Übertrag 1**
Zehnerstelle:	1 – 1 = 0	

d Auf Jans Konto sind nur noch 1,34 €. Es werden 2,58 € abgebucht. Wie viel Geld ist nun auf Jans Konto?

Lösung:

Nebenrechnung:

$$\begin{array}{r} 2{,}58 \\ -\ 1{,}34 \\ \hline 1{,}24 \end{array}$$

Auf seinem Konto sind nun also –1,24 €.

Zuerst überlegt man sich das **Vorzeichen des Ergebnisses**. Da 2,58 € größer ist als 1,34 €, muss das Ergebnis **negativ** sein.
In einer **Nebenrechnung** rechnet man 2,58 – 1,34 und setzt danach das Vorzeichen.

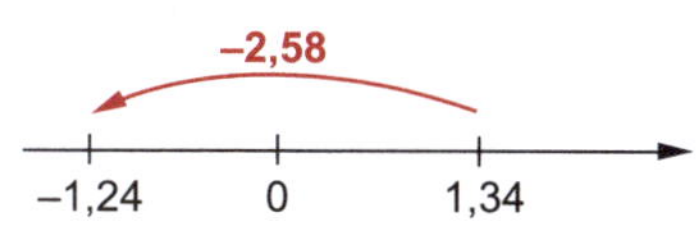

95 Schreibe untereinander und berechne.

a 1,37 + 12,9 + 0,78 **b** 3,2 + 3,77 + 7,801

c 4,86 – 1,9 **d** 0,044 + 0,44 + 4,4 + 4,044

96 Fülle die Lücken.

a

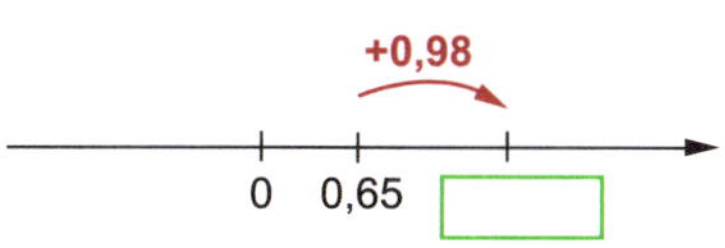

b

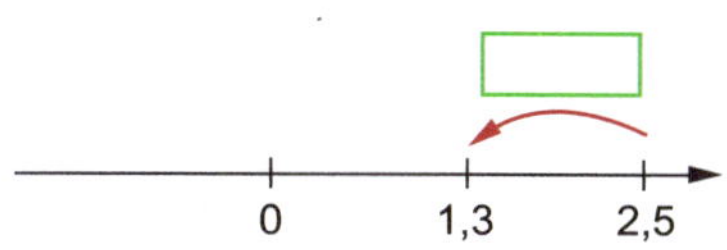

c

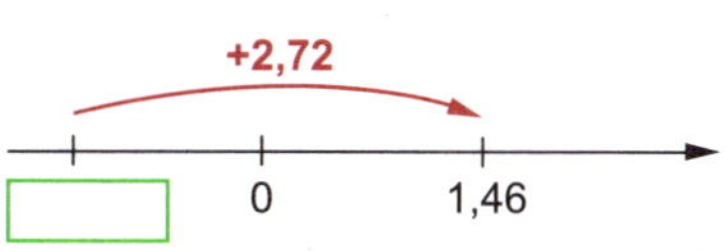

d

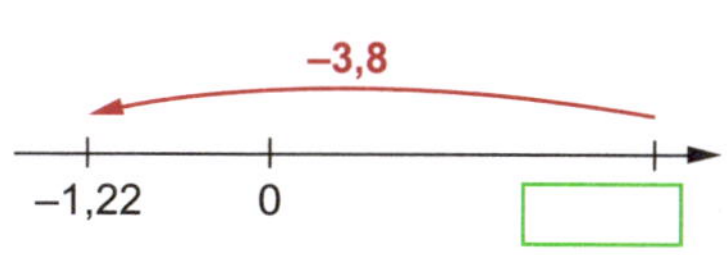

97 Tim hat beim Abschreiben von der Tafel bei jeder Rechnung eine Zahl vergessen. Finde die richtige und schreibe sie in das Feld.

a 127,5 + ☐ – 41,4 = 100 **b** 81,9 – ☐ – 11,9 = 4,7

* **c** ☐ – 8,7 + 3,6 = 7,2 * **d** 5,88 – 10,94 + 3,64 = ☐

98 Trage in den Rechnungen die fehlenden Zahlen ein.

a

$$\begin{array}{r} 24{,}89 \\ +\ 31{,}7\square \\ +\ 0{,}58 \\ +\ 32\square{,}00 \\ \hline 383{,}17 \end{array}$$

b

$$\begin{array}{r} \square 1{,}\square 0 \\ -\ 7{,}25 \\ -\ 0{,}02 \\ \hline 4{,}03 \end{array}$$

c

$$\begin{array}{r} 5{,}803 \\ +\ 0{,}5\square\square \\ +\ 0{,}053 \\ +\ 58{,}300 \\ \hline 6\square{,}739 \end{array}$$

*__d__

$$\begin{array}{r} \square 8\square 8{,}880 \\ -\ 77\square{,}700 \\ -\ 66{,}\square 66 \\ -\ 5{,}500 \\ \hline 8039{,}01\square \end{array}$$

99 Subtrahiere 3,82 von der Summe der Zahlen 0,973 und 97,3.

100 Berechne möglichst vorteilhaft.

TIPP
1,2 – 0,9 = 1,2 + (– 0,9)
1,2 – 0,9 + 0,8 = 1,2 + 0,8 – 0,9

a 90,5 + 64,42 – 21,5 – 0,42
b 12,86 + (3 – 2,77) + 2,14
c 13,5 – (12,96 – 7,46)
d 22,7 – 2,27 + 227 – 20,7
e 18,3 – 1,5 – 4,8 – 3,7 + 4,9
f 26,4 – 0,72 – 9,2 + 11,73 – 4,12

2 Multiplikation von Dezimalzahlen

1 kg Äpfel kostet 1,99 €. Cindy möchte wissen, was 10 kg bzw. 100 kg Äpfel kosten. Sie notiert:

1,99 · 10 = ?   1,99 · 100 = ?

Doch wie multipliziert man nun eine Dezimalzahl mit 10 bzw. 100?

WISSEN

Bei der **Multiplikation einer Dezimalzahl mit 10, 100, 1 000** … rückt das Komma so viele Stellen **nach rechts**, wie Nullen in 10, 100, 1 000 … vorhanden sind.

BEISPIEL Wie viel kosten 10 kg bzw. 100 kg Äpfel?

Lösung:

1,99 € · **10** = 19,9 € — **1 Null** ⇒ Komma rückt **1 Stelle nach rechts**

1,99 € · **100** = 199 € — **2 Nullen** ⇒ Komma rückt **2 Stellen nach rechts**

101 Setze 10, 100, 1 000, … korrekt ein.

a 2,97153 · 100 = 297,153 b 0,02195 · 1000 = 21,95

c 0,0739 · 10 = 0,739 d 0,00012 · 100000 = 12

102 Fülle die Lücken.

a 13,2 · 10 = ______ b 0,112 · ______ = 11,2

c ______ · 1 000 = 1 d –0,05 · ______ = 50

103 Cindy rechnet:

31,45 · 0,1 = 3,145 5,23 · 0,01 = 0,0523

Erläutere, was Cindy macht und wie sie auf ihre Ergebnisse kommt.

Cindy fragt sich nun, was 1,5 kg Äpfel kosten.

WISSEN

Gehe bei der **Multiplikation zweier Dezimalzahlen** wie folgt vor:

- Multipliziere **zunächst ohne** Beachtung des **Kommas**.
- Gib dem Ergebnis dann **so viele Dezimalstellen, wie** die **Faktoren zusammen** besitzen.

BEISPIEL Berechne, was 1,5 kg Äpfel kosten. Runde entsprechend.

Lösung:

```
15 · 199
   15
  135
    135
 2985
```

Multipliziere, **ohne** das **Komma** zu beachten.

$1{,}\mathbf{5} \cdot 1{,}\mathbf{99} = 2{,}985$

1,5 kg Äpfel kosten 2,99 €.

1,5 besitzt **1** Dezimale und 1,99 besitzt **2** Dezimalen, also besitzt das Ergebnis **1** + **2** = 3 Dezimalen. Bei der Ziffer 5 wird aufgerundet.

104 Berechne im Kopf.

a $0{,}8 \cdot 30$

b $1{,}7 \cdot (-50)$

c $0{,}25 \cdot 200$

d $2 \cdot 0{,}18$

e $0{,}11 \cdot 800$

f $-12{,}5 \cdot 20$

g $-0{,}5 \cdot (-0{,}5)$

h $3{,}2 \cdot 0{,}2$

105 Berechne schriftlich.

a $72{,}4 \cdot 12{,}9$

b $0{,}42 \cdot 1{,}37$

c $-99{,}9 \cdot 7{,}77$

d $0{,}024 \cdot 0{,}031$

e $27{,}9 \cdot (-0{,}42)$

f $33{,}3 \cdot 0{,}444$

g $2{,}5 \cdot 1{,}2 \cdot 0{,}75$

h $1{,}72 \cdot (-0{,}85) \cdot 13$

106 Lea schneidet ein 4,3 cm langes und 2,6 cm breites Rechteck aus. Berechne seinen Flächeninhalt.

107 Eine Seemeile sind 1,852 km. Wie viel km sind 60 bzw. 18,5 Seemeilen?

108 Judith hat heute in der Schule gelernt, dass man zwei Dezimalzahlen manchmal auch schneller durch eine **gegensinnige Kommaverschiebung** multiplizieren kann. Rechts siehst du ihren Hefteintrag zum Thema. Übe die beschriebene Methode anhand folgender Aufgaben ein:

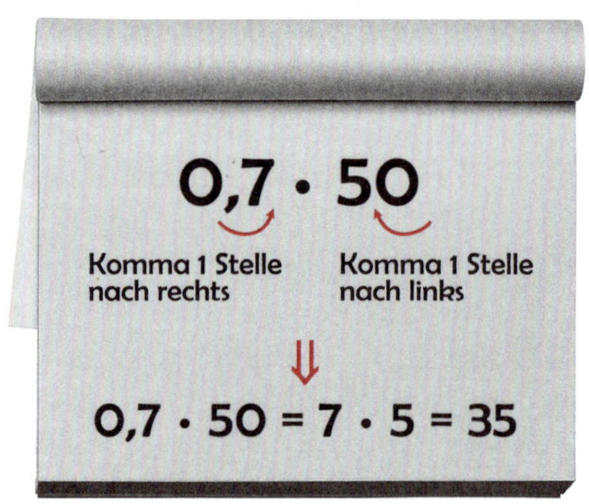

a $0{,}3 \cdot 120$

b $3{,}3 \cdot 20$

c $0{,}08 \cdot 250$

d $85 \cdot (-0{,}2)$

3 Division durch eine ganze Zahl

Anna hat 10 Briefumschläge für 0,99 € gekauft. Wie viel hat 1 Umschlag gekostet?
Tobi hat einen Packen mit 100 Briefumschlägen für 4,45 € gekauft und überlegt, was einer gekostet haben mag.

WISSEN

Bei der **Division durch 10, 100, 1 000** … wird das Komma im Dividenden um so viele Stellen **nach links** verschoben, wie 10, 100, 1 000 … Nullen besitzt.

BEISPIEL

Wie viel kostet 1 Umschlag von Anna bzw. was kostet 1 Umschlag von Tobi?

Lösung:

0,99 € : **10** = 0,099 € ≈ 10 ct   **1 Null** ⇒ Komma rückt **1 Stelle nach links**

4,45 € : 1**00** = 0,0445 € ≈ 4 ct   **2 Nullen** ⇒ Komma rückt **2 Stellen nach links**

1 Umschlag von Anna kostet ca. 10 ct und 1 Umschlag von Tobi kostet gut 4 ct.

109 Fülle die Tabelle aus.

Zahl	Division			
	durch 10	durch 100	durch 1 000	durch 10 000
234,5	23,45	2,345	0,2345	0,02345
1 111,11				
8,34				

110 Luise behauptet: „3 241,5 : 1 000 und 32,415 : 10 haben dasselbe Ergebnis.“
Prüfe die Aussage auf Richtigkeit.

111 Fülle die Lücken.

a –5,7 : 10 = ______

b 1,56 : ______ = –0,0156

c ______ : 100 = –22

d –98,3 : ______ = 9,83

Vertiefe dein Wissen!

Ana möchte 53,7 g Zucker auf 6 Gefäße aufteilen. Wie viel g ist in einem Gefäß?

WISSEN

Die **Division einer Dezimalzahl durch eine ganze Zahl** erfolgt wie das schriftliche Dividieren zweier ganzer Zahlen. Beim **Überschreiten der Kommastelle** im Dividenden wird auch im **Ergebnis ein Komma** gesetzt.

BEISPIEL

Berechne, wie viel Zucker in einem Gefäß ist.

Lösung:

```
  53,7 : 6 = 8,95
– 48↓ 1
   57
 – 54↓ 2
    30
  – 30
     0
```

1: Wird die 1. Zahl nach dem Komma „nach unten gezogen“, wird im Ergebnis das Komma gesetzt.

2: Hinter die letzte Ziffer in 53,7 dürfen (gedanklich) beliebig viele Nullen angehängt werden, die man dann „nach unten ziehen“ kann.

In einem Gefäß sind 8,95 g.

112 Berechne den jeweiligen Stückpreis.

113 Berechne.

a 56,7 : 9
b 12,3 : 6
c 62,59 : 11
d –2,247 : 7
e 45,36 : (–8)
f (–19,5) : (–3)

114 Noah möchte die Regentonne vor dem Winter leeren. Noch sind 134,4 ℓ in ihr enthalten und er benutzt dazu einen Eimer, der 15 ℓ fasst. Wie oft muss er ihn füllen?

Vertiefe dein Wissen!

4 Division durch eine Dezimalzahl

Der Wert eines Quotienten ändert sich nicht, wenn bei Dividend und Divisor das Komma um gleich viele Stellen in die gleiche Richtung verschoben wird:

1,488 : 0,4 = 14,88 : 4 — 1,488 ist Dividend und 0,4 ist Divisor

Man nennt dies **gleichsinnige Kommaverschiebung**.

WISSEN

Gehe bei der **Division zweier Dezimalzahlen** wie folgt vor:
- Schreibe den Divisor durch **gleichsinnige Kommaverschiebung** als ganze Zahl.
- Führe die Division dann wie die **Division einer Dezimalzahl durch eine ganze Zahl** aus.

BEISPIEL

Berechne 1,488 : 0,4.

Lösung:

1,488 : 0,4 = 14,88 : 4

```
  14,88 : 4 = 3,72
 -12
   28
  -28
     8
    -8
     0
```

Um 0,4 als ganze Zahl zu schreiben, musst du das Komma um **1 Stelle nach rechts** verschieben. Verschiebe somit auch das Komma von 1,488 um **1 Stelle nach rechts**.
Führe dann die **Division durch die ganze Zahl 4** aus.

115 Berechne.

a 1,44 : 3,6 — b 3,45 : 1,5

c 4,8 : 0,016 — d 3,816 : 0,24

e 7,48 : 3,4 — f 7,35 : 0,12

116 Berechne und achte auf das Vorzeichen deines Ergebnisses.

a 0,26 : 0,3 — b –1,75 : 0,06

c 3,24 : (–0,11) — d 0,388 : 5,4

Vertiefe dein Wissen!

117 Grit möchte Futter für ihr Zwergkaninchen kaufen. Sie findet zwei Angebote:

(1) 750 g zu 1,83 € (2) 2 kg zu 5,04 €

Entscheide, welches Angebot günstiger ist.

Verbindung der vier Grundrechenarten – Vermischte Aufgaben

118 Berechne vorteilhaft.

a $4{,}6 \cdot 1{,}4 + 4{,}6 \cdot 0{,}6$
b $0{,}8 \cdot 3{,}3 - 0{,}8 \cdot 0{,}8$
c $10 \cdot 2{,}1 + 8{,}9$
d $2{,}5 \cdot 0{,}8 \cdot 0{,}4$
e $0{,}5 \cdot 2{,}8 \cdot 0{,}2$
f $0{,}24 : 0{,}03 - 9$

119 a Addiere 3,8 zum Produkt der Zahlen 0,25 und 21,4.
b Vermindere den Quotienten aus 7,2 und 0,8 um 1,9.

120 a Neben dem Spielplatz soll auf einer rechteckigen Fläche der Länge 12,4 m und der Breite 31,7 m Rasen gesät werden. Eine Packung Rasensamen reicht für 10 m². Berechne die Anzahl der Packungen, die benötigt werden.

b Auf beiden Seiten der 425 m langen Stadtbadstraße sollen im Abstand von 12,5 m Bäume gepflanzt werden. Wie viele Bäume werden benötigt, wenn auch am Anfang und am Ende der Straße ein Baum stehen soll?

c Eine 6,3 m breite und 235 m lange Straße soll neu gepflastert werden. Für 1 m² Pflasterung werden 15,80 € Kosten veranschlagt. Es stehen 25 000 € zur Verfügung. Reicht dieses Budget?

60 Minuten

Test 4

1 Berechne im Kopf, gib nur das Ergebnis an.

a $1{,}07 + 0{,}42$ **b** $11{,}8 + 9{,}7$

c $3{,}4 - 1{,}2$ **d** $0{,}3 - 1{,}7$

e $14{,}723 \cdot 0{,}1$ **f** $2{,}4 : 0{,}1$

g $-12 \cdot 0{,}7$ **h** $0{,}96 : 0{,}3$

___ von 10 **i** $0{,}4 \cdot 110$ **j** $0{,}08 \cdot (-250)$

2 Berechne schriftlich.

a $3{,}42 + 19{,}6 + 108{,}312$ **b** $666{,}66 - 66{,}6 - 0{,}666$

___ von 8 **c** $111{,}1 - (19{,}3 - 8{,}64)$ **d** $18{,}34 - 9{,}96 - 12{,}5 + 0{,}8$

3 Fülle die Tabelle aus.

Zahl	Multiplikation		Division	
	mit 100	mit 1 000	durch 100	durch 1 000
48,9	4890	48900		
–2,73				
0,082				

___ von 6

4 Berechne schriftlich.

a $-17{,}5 \cdot 0{,}39$ **b** $-7{,}08 \cdot 1{,}52$

c $0{,}486 : (-6)$ **d** $52{,}4 : 11$

___ von 6 **e** $2{,}88 : 0{,}16$ **f** $-56{,}486 : 0{,}09$

5 Ein rechteckiges Grundstück der Länge 17,22 m und der Breite 12,30 m soll eingezäunt werden.

a Berechne die Fläche und runde auf volle Quadratmeter.

b Ein Zaunfeld ist 2,46 m lang. Es wird auf beiden Seiten in Pfähle eingehangen. Diese sind so angeordnet, dass an den Grundstücksecken auch je 1 Pfahl steht. Wie viele Zaunfelder und wie viele Pfähle werden insgesamt benötigt?

Skizze einer Umzäunung:

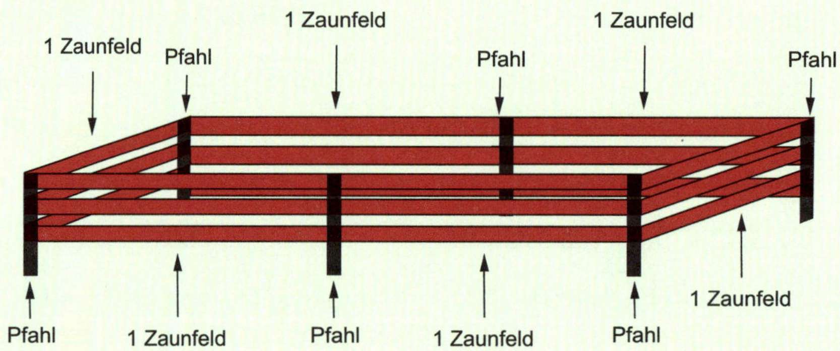

____ von 10

40 bis 30	29 bis 20	19 bis 0

So lange habe ich gebraucht: ____________

So viele Punkte habe ich erreicht: ____________

Prozentzahlen und vermischtes Rechnen

Silbenrätsel

AS – DE – ER – GE – GE – GLEICH – HAUPT – KOM – KÜR – LER – MAL – MIG – MU – NA – NEN – NEN – NER – NER – SETZ – SETZ – SO – TA – TEL – TERN – TIV – TIV – WEI – ZÄH – ZAHL – ZEHN – ZEN – ZI – ZIA

a ______________________
Zahl über dem Bruchstrich

b ______________________
1. Stelle nach dem Komma

c ______________________
Gesetz, das besagt, dass man Faktoren vertauschen darf

d ______________________
Zähler und Nenner mit der gleichen Zahl multiplizieren

e ______________________
Dezimalbrüche mit gleich vielen Kommastellen sind …

f ______________________
Zahl unter dem Bruchstrich

g ______________________
Zahl mit Komma

h ______________________
Gesetz, das besagt, dass man in Summen Klammern beliebig setzen darf

i ______________________
das kleinste gemeinsame Vielfache von Nennern gegebener Brüche

j ______________________
Zähler und Nenner durch die gleiche Zahl dividieren

1 Vom Bruch zur Prozentzahl

Im Alltag begegnen dir viele Angaben in Prozent.
„**70 %** auf alles!“ bedeutet, dass du $\frac{70}{100}$ des urprünglichen Preises weniger bezahlen musst.
12 % Steigung bedeutet, dass die Straße auf 100 m (horizontal gemessen) um 12 m ansteigt: $\frac{12\text{ m}}{100\text{ m}} = 12\ \%$.

WISSEN

Eine **Prozentzahl** ist eine Zahl mit einem **%**.

- 1 % ist ein Hundertstel von einem Ganzen, also $1\,\% = \frac{1}{100} = 0{,}01$.
- Der Zähler eines Bruches mit **Nenner 100** entspricht dem Prozentwert.
- Aber auch durch Umwandlung in eine Dezimalzahl und anschließende **Kommaverschiebung um 2 Stellen nach rechts** lässt sich ein Bruch als Prozentzahl schreiben.

BEISPIEL

a Peter hat 4 von 10 Bonbons bereits gegessen.
Wie viele Bonbons hat er jetzt noch? Gib den Anteil in Prozent an.

Lösung:
Es sind noch 6 von ursprünglich 10 Bonbons übrig.

$\frac{6}{10} = \frac{60}{100} = 60\ \%$

Der Bruch wird zunächst **mit 10 erweitert**. Die entsprechende Prozentzahl ist der **Zähler mit einem Prozentzeichen** dahinter.

b Luisa hat beim Basteln ihres Drachens $\frac{3}{8}$ der Plastikfolie verbraucht.
Wie viel Prozent sind dies?

Lösung:

$\frac{3}{8} = \frac{375}{1\,000} = 0{,}375 = 37{,}5\ \%$

Durch Erweitern wird der Bruch in eine **Dezimalzahl** umgewandelt. Anschließend wird das Komma um **2 Stellen nach rechts** verschoben. Hinter die Zahl wird ein Prozentzeichen geschrieben.

121 In Lisas Klasse sind 12 Mädchen und 18 Jungen.
Wie viel Prozent Jungen sind in der Klasse?

Vertiefe dein Wissen!

122 Wandle in Prozentzahlen um.

a 0,23   b 0,05

c $\frac{1}{5}$ d $\frac{24}{25}$

123 Wandle in Brüche um und kürze so weit wie möglich.

a 3 %   b 12 %

c 0,2 %   d 6,5 %

TIPP
Schreibe 0,2 % sowie 6,5 % zuerst als Dezimalzahl.

124 Ramón hat in seiner Klasse eine Befragung zum Thema beliebtestes Urlaubsland durchgeführt. Notiert hat er:

Nun möchte er seine Ergebnisse in einem Kreisdiagramm darstellen.
Wie viel Prozent des Diagramms nimmt „Italien“ bzw. „Türkei“ ein?

125 Während am Pestalozzi-Gymnasium $\frac{1}{5}$ der 620 Schüler an der 1. Stufe der Mathematik-Olympiade teilnahmen, waren es am Schiller-Gymnasium genau 16 % der 725 Schüler.

a Ermittle, an welchem Gymnasium mehr Schüler an der 1. Stufe teilnahmen.

b Berechne, an welcher Schule der prozentuale Anteil größer war.

126 Ein Aquarium ist quaderförmig und besitzt eine Breite von 1 m, eine Höhe von $\frac{1}{2}$ m und eine Tiefe von 80 cm.
Es ist zu 60 % mit Wasser gefüllt.
Berechne, wie viele Liter Wasser im Aquarium sind.

TIPP
$0{,}001\ m^3 = 1\ dm^3$
$1\ dm^3 = 1\ \ell$

2 Mit Bruch, Dezimalzahl und Prozent rechnen

Wenn du Aufgaben lösen willst, die sowohl Brüche als auch Dezimalzahlen beinhalten, kannst du entweder alle Brüche in Dezimalzahlen oder aber alle Dezimalzahlen in Brüche umwandeln und dann wie bisher rechnen. Meist kannst du selbst entscheiden, welchen Lösungsweg du gehen willst. Manchmal ist es einfacher, alles in gemeine Brüche umzurechnen, andererseits bietet auch das Rechnen mit Dezimalzahlen Vorteile. So brauchst du beim Addieren und Subtrahieren z. B. nicht erst einen Hauptnenner zu suchen. Wenn periodische Dezimalbrüche auftreten, ist die Rechnung mit Brüchen aber immer genauer.

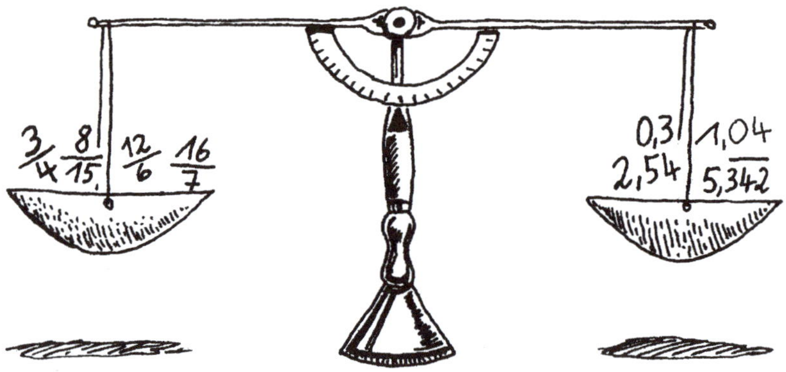

Wenn du selbst entscheiden kannst, ob du mit Brüchen oder Dezimalzahlen rechnest, wirst du die Vor- und Nachteile abwägen müssen, die das Rechnen mit dieser Zahldarstellung mit sich bringt.

WISSEN

Rechenregeln

- Alle Zahlen werden zu Beginn entweder in Brüche oder in Dezimalzahlen oder in Prozentzahlen umgewandelt.
- Was in Klammern steht, wird zuerst berechnet.
- Punktrechnungen werden vor Strichrechnungen ausgeführt.
- Was gerade nicht berechnet wird, wird unverändert abgeschrieben.

BEISPIEL

a $\frac{17}{50}+0,78-0,472=\frac{34}{100}+0,780-0,472$
$=0,340+0,308$
$=0,648$

Der Bruch lässt sich hier ganz leicht **in eine Dezimalzahl umwandeln**.

Vertiefe dein Wissen!

b $75\,\% + \frac{2}{7} - \frac{11}{14} = \frac{75}{100} + \frac{8}{28} - \frac{22}{28}$

$= \frac{3}{4} - \frac{14}{28}$

$= \frac{3}{4} - \frac{2}{4}$

$= \frac{1}{4}$

Beim Umwandeln der beiden Brüche in Dezimalzahlen würden **periodische Dezimalzahlen** erzeugt werden. Da die Berechnung dann nur näherungsweise möglich wäre, ist es hier **besser, mit Brüchen** zu rechnen.

Wandelt man z. B. Neuntel in eine Dezimalzahl um, dann entstehen folgende periodische Dezimalzahlen:

$\frac{1}{\mathbf{9}} = 0{,}\overline{\mathbf{1}}$; $\frac{2}{\mathbf{9}} = 0{,}\overline{\mathbf{2}}$; $\frac{3}{\mathbf{9}} = 0{,}\overline{\mathbf{3}}$ usw.

Ebenso erhält man Neunundneunzigstel:

$\frac{1}{\mathbf{99}} = 0{,}\overline{\mathbf{01}}$; $\frac{2}{\mathbf{99}} = 0{,}\overline{\mathbf{02}}$; $\frac{3}{\mathbf{99}} = 0{,}\overline{\mathbf{03}}; \ldots;$ $\frac{17}{\mathbf{99}} = 0{,}\overline{\mathbf{17}}$ usw.

Kommen in einer Rechnung auch periodische Dezimalzahlen vor, so kannst du diese Umwandlungen nutzen.

127 Schreibe, ohne zu dividieren, als Dezimalzahl.

a $\frac{7}{9}$

b $\frac{13}{99}$

c $\frac{8}{99}$

d $\frac{123}{99}$

e $\frac{143}{999}$

f $\frac{265}{999}$

128 Berechne möglichst vorteilhaft.

a $0{,}\overline{3} \cdot \frac{9}{4}$

b $\frac{3}{2} \cdot 0{,}75 \cdot \frac{8}{9}$

c $12 \cdot \frac{3}{4} + 0{,}5 \cdot 3{,}6$

d $25\,\% + \frac{3}{8} + \frac{1}{2} - 20\,\%$

e $3\frac{1}{2} \cdot 0{,}6 - 4{,}2 : \frac{3}{4}$

f $\frac{5}{6} - \left(\frac{7}{9} + 12\,\%\right)$

129 Berechne ohne Verwendung von Näherungswerten.

a	b	c	a · b · c	(a + b) · c	a : (b : c)
$\frac{1}{2}$	25 %	$\frac{1}{6}$			
0,2	150 %	$\frac{4}{5}$			
$-\frac{3}{5}$	0,25	$\frac{1}{10}$			
$\frac{3}{4}$	$\frac{1}{5}$	10 %			

130 Auf die Frage, wie der Test in Mathe ausgefallen ist, antwortet der Lehrer: „Keiner hat eine 5 oder 6 erhalten, aber 25 % leider eine 4. $\frac{2}{7}$ haben eine 3 und $\frac{1}{4}$ die Note 1. Die restlichen sechs Schüler haben eine 2."
Ermittle die Anzahl der Schüler, die den Test mitgeschrieben haben.

Gib auch den zugehörigen Notenspiegel an:

Note	1	2	3	4	5	6
Anzahl						

131 Marcus darf erst zu seinem Fußballtraining, wenn er all seine Hausaufgaben erledigt hat. In Mathe soll er Brüche kürzen und dann in Prozentzahlen umwandeln. Seine Mama schaut sich unter anderem die beiden Rechnungen

$\frac{16}{64} = \frac{1}{4} = 25\,\%$ $\frac{26}{65} = \frac{2}{5} = 40\,\%$

an und fragt ihn, was er da gemacht hat. Er erwidert: „Ist doch klar. Es genügt, gleiche Ziffern in Zähler und Nenner zu streichen, und der Rest ergibt den gekürzten Bruch." Gibst du ihm recht?

45 Minuten

Test 5

1 Ergänze die Tabelle.

Bruch	Dezimalzahl	Prozent
	0,75	
		60 %
$\frac{3}{8}$		
		6,4 %

___ von 8

2 Das Ergebnis einer Klassenarbeit zur Bruchrechnung ist in folgender Tabelle dargestellt. Gib den Anteil der Noten 1 bis 6 in Prozent an.

Note	1	2	3	4	5	6
Anzahl	3	12	9	3	2	1
in %						

___ von 4

3 Berechne ohne Verwendung von Näherungswerten.

a	b	c	$a \cdot b + c$	$(a : b) \cdot c$	$a \cdot (c - b)$
75 %	0,3	$\frac{1}{6}$			
0,44	$\frac{1}{10}$	2,7			
$-\frac{1}{3}$	0,6	5 %			

___ von 18

30 bis 22	21 bis 15	14 bis 0

So lange habe ich gebraucht: ________

So viele Punkte habe ich erreicht: ________

Lösungen

Bruchzahlen

Lösung: $\frac{1}{2}$ Limette; $\frac{3}{4}$ Stunde; 75 % = $\frac{3}{4}$

1 a

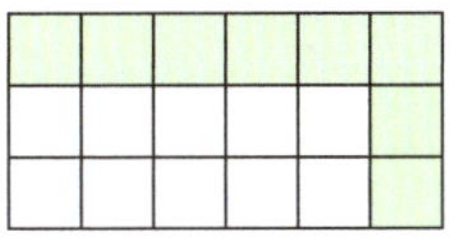

grün: $\frac{8}{18}$ weiß: $\frac{10}{18}$

Das Rechteck wurde in 18 gleich große Stücke zerlegt. Davon sind 8 grün und 10 gar nicht gefärbt.

b

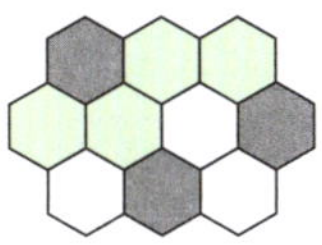

grün: $\frac{4}{10}$ weiß: $\frac{3}{10}$

Das Wabenmuster besteht aus 10 gleich großen Waben. Davon sind 4 grün und 3 weiß.

2 a

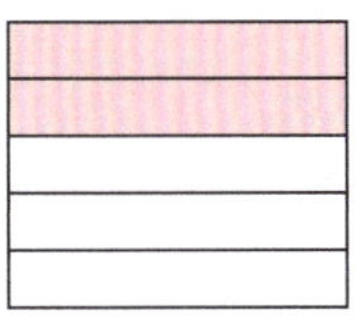

$\frac{2}{5}$ des Rechtecks ist rot gefärbt.

b

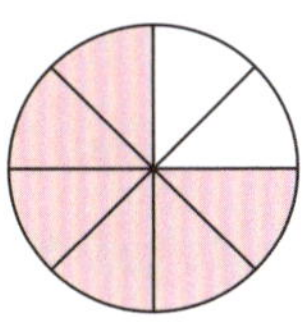

$\frac{3}{4}$ des Kreises ist rot gefärbt.

Der Kreis besteht aus 4-mal 2 Kreisteilen.

3 a $40 - 4 - 8 - 5 = \mathbf{23}$

Ricardo bleiben $\frac{23}{40}$.

Man geht von der Gesamtmenge $20 + 20 = 40$ Schokoladenstückchen aus.

b $18 - 11 = \mathbf{7}$

Ricardo bleiben $\frac{7}{18}$.

Die Grundmenge sind $3 \cdot 6 = 18$ Flaschen Apfelsaft.

c $24 - 5 - 3 - 3 = \mathbf{13}$

Ricardo bleiben $\frac{13}{24}$.

Als Grundmenge werden $2 \cdot 12 = 24$ Kekse angesetzt.
Franz und Andy bekommen jeweils $5 - 2 = 3$ Kekse.

4 **a**

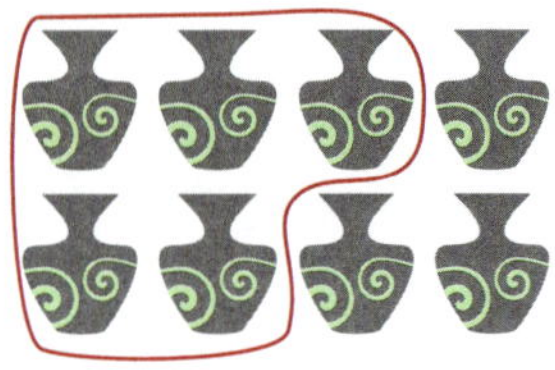

Rot umrandet sind $\frac{5}{8}$.

Übrig bleibt der Bruchteil $\frac{3}{8}$.

b

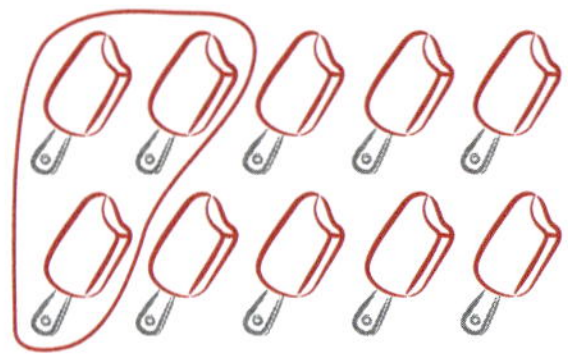

Rot umrandet sind $\frac{3}{10}$.

Übrig bleibt der Bruchteil $\frac{7}{10}$.

c

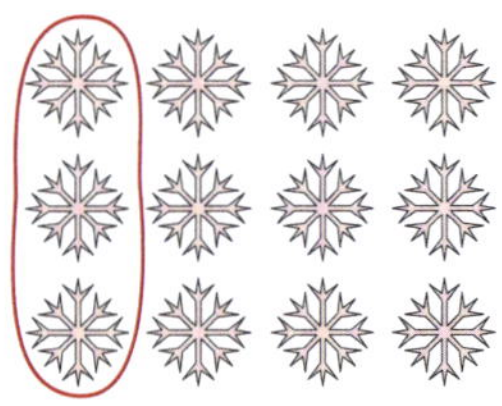

Es sind 4-mal 3 Eiskristalle abgebildet.

Rot umrandet ist $\frac{1}{4}$, also 3 Eiskristalle.

Übrig bleibt der Bruchteil $\frac{3}{4}$.

d

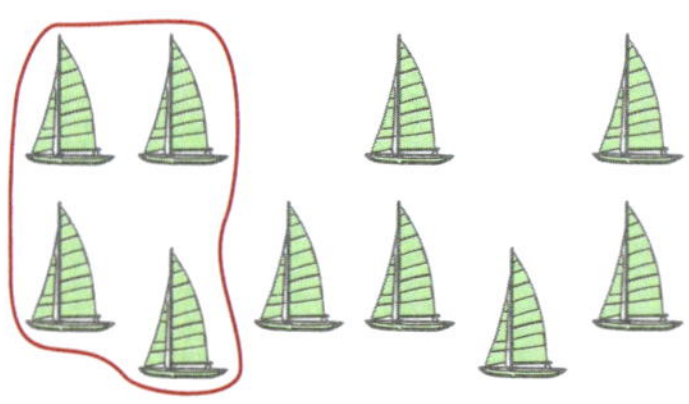

Es sind 5-mal 2 Segelboote abgebildet.

Rot umrandet sind $\frac{2}{5}$, also 4 Segelboote.

Übrig bleibt der Bruchteil $\frac{3}{5}$.

5 In der Bundesliga spielen 18 Mannschaften, also spielt jede Mannschaft 34 Spiele.

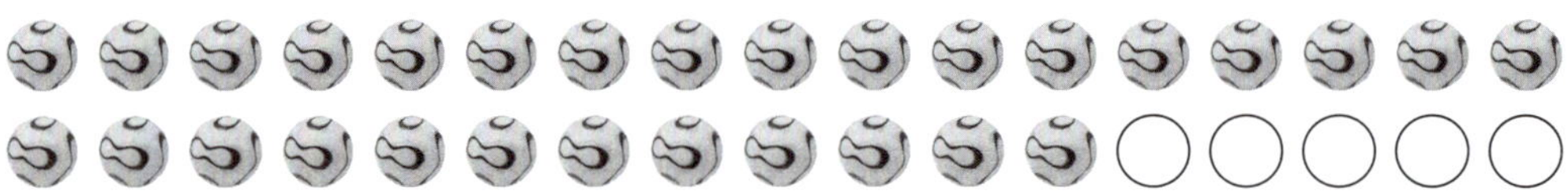

Oder als Bruch: $\frac{29}{34}$

6

☒ $\frac{14}{2}$	☐ $\frac{20}{2}$	☒ $\frac{35}{5}$	☒ $\frac{21}{3}$	☐ $\frac{70}{7}$	☒ $\frac{77}{11}$
$14:2=7$	$20:2=10$	$35:5=7$	$21:3=7$	$70:7=10$	$77:11=7$

Hast du's gewusst?

7 Z. B.: $8 = \frac{24}{3} = \frac{40}{5} = \frac{96}{12}$

$-9 = -\frac{18}{2} = -\frac{54}{6} = -\frac{99}{11}$

Überlege zunächst, aus wie vielen Teilen ein Ganzes bestehen soll, z. B. 3. Multipliziere dann 8 mit dieser Zahl, also $8 \cdot 3 = 24$. $\frac{24}{3}$ ergeben 8 Ganze.

8

echter Bruch	unechter Bruch	natürliche Zahl
$\frac{3}{4}$	$\frac{24}{24}$	$\frac{24}{24}$
$\frac{9}{12}$	$\frac{8}{4}$	$\frac{8}{4}$
$\frac{798}{1000}$	$\frac{4}{3}$	
	$\frac{7}{5}$	
	$\frac{326}{100}$	

$24 : 24 = 1$

$8 : 4 = 2$

9

a $\frac{1}{4}$; $\frac{2}{4}$; $\frac{3}{4}$

b $\frac{1}{12}$; $\frac{2}{12}$; $\frac{3}{12}$; … ; $\frac{10}{12}$; $\frac{11}{12}$

c $\frac{1}{25}$; $\frac{2}{25}$; $\frac{3}{25}$; … ; $\frac{23}{25}$; $\frac{24}{25}$

d $-\frac{5}{6}$; $-\frac{5}{7}$; $-\frac{5}{8}$; $-\frac{5}{9}$; …

Bei einem echten Bruch ist der Zähler kleiner als der Nenner. Achte auf die Aufgabenstellung, dass die Tintenkleckse natürliche Zahlen, also 1, 2, 3 usw. verdecken.

10

a $1\frac{1}{2}$ Äpfel

b $2\frac{1}{2}$ Kokosnüsse

2 halbe Kokosnüsse ergeben 1 Kokosnuss.

c $3\frac{41}{100}$ €

$1\,€ = 100\,\text{ct}$ sowie $1\,\text{ct} = \frac{1}{100}\,€$

d $1\frac{10}{60}$ Stunden

$1\,\text{h} = 60\,\text{min}$ sowie $1\,\text{min} = \frac{1}{60}\,\text{h}$

11

a 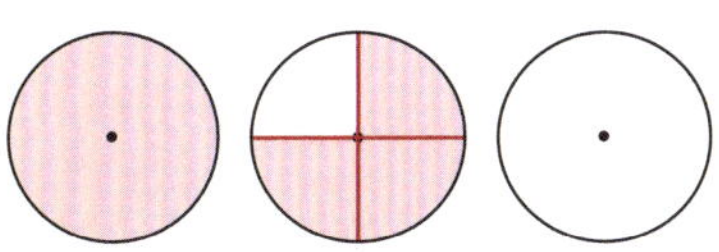

$1\frac{3}{4}$ der Kreisflächen ist rot gefärbt.

b 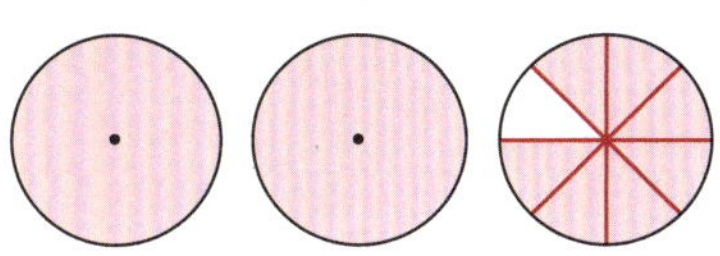

$2\frac{7}{8}$ der Kreisflächen ist rot gefärbt.

Hast du's gewusst?

c

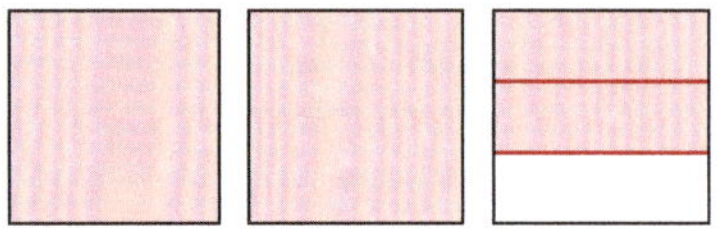

$\frac{8}{3} = \frac{6}{3} + \frac{2}{3} = 2\frac{2}{3}$ der Quadratflächen ist rot gefärbt.

d

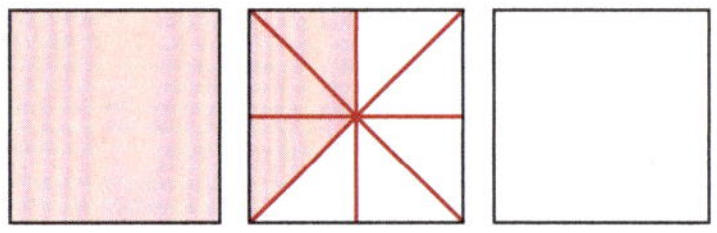

$1\frac{3}{8}$ der Quadratflächen ist rot gefärbt.

12

a $\frac{12}{5} = \frac{10}{5} + \frac{2}{5} = 2 + \frac{2}{5} = 2\frac{2}{5}$

b $-\frac{51}{18} = -\left(\frac{36}{18} + \frac{15}{18}\right) = -\left(2 + \frac{15}{18}\right) = -2\frac{15}{18}$

c $\frac{136}{13} = \frac{130}{13} + \frac{6}{13} = 10 + \frac{6}{13} = 10\frac{6}{13}$

d $\frac{589}{9} = \frac{585}{9} + \frac{4}{9} = 65 + \frac{4}{9} = 65\frac{4}{9}$

e $-\frac{306}{17} = -18$

f $\frac{200}{22} = \frac{198}{22} + \frac{2}{22} = 9 + \frac{2}{22} = 9\frac{2}{22}$

13

a $2\frac{1}{5} = 2 + \frac{1}{5} = \frac{10}{5} + \frac{1}{5} = \frac{11}{5}$

b $7\frac{4}{9} = 7 + \frac{4}{9} = \frac{63}{9} + \frac{4}{9} = \frac{67}{9}$

c $3\frac{7}{11} = 3 + \frac{7}{11} = \frac{33}{11} + \frac{7}{11} = \frac{40}{11}$

d $-5\frac{6}{7} = -\left(5 + \frac{6}{7}\right) = -\left(\frac{35}{7} + \frac{6}{7}\right) = -\frac{41}{7}$

e $12\frac{2}{3} = 12 + \frac{2}{3} = \frac{36}{3} + \frac{2}{3} = \frac{38}{3}$

f $-9\frac{12}{13} = -\left(9 + \frac{12}{13}\right) = -\left(\frac{117}{13} + \frac{12}{13}\right) = -\frac{129}{13}$

14

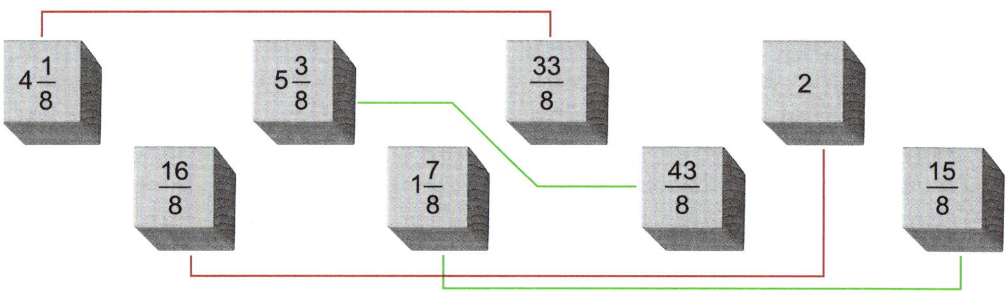

15

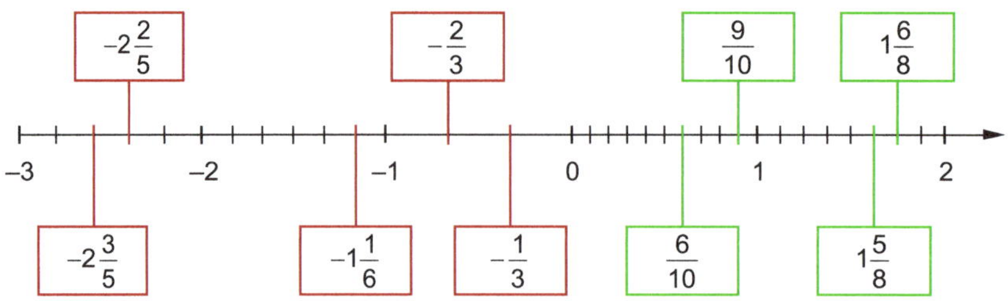

Achte auf die unterschiedlichen Streckeneinteilungen.

16 a Maßstab: 1 Einheit ≙ 3 cm

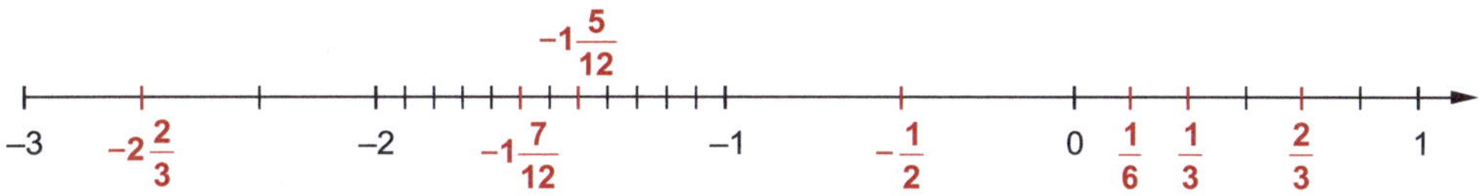

b Maßstab: 1 Einheit ≙ 4 cm

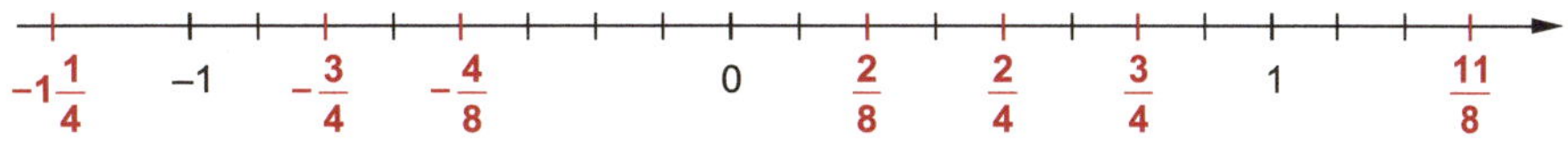

17 a

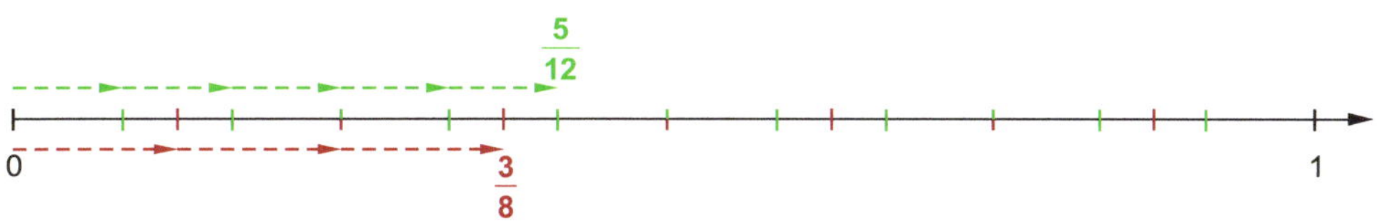

$\frac{3}{8}$ liegt weiter links als $\frac{5}{12}$ und ist somit der kleinere Bruch.

b

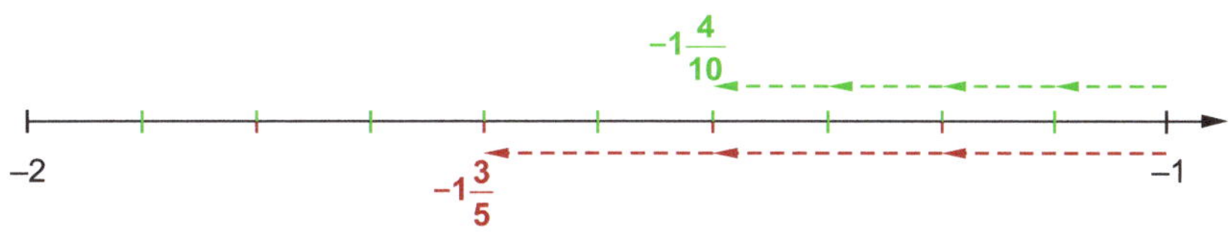

Da $-1\frac{3}{5}$ weiter links liegt, ist dieser der kleinere Bruch.

c $\frac{8}{3} = \frac{6}{3} + \frac{2}{3} = 2 + \frac{2}{3} = 2\frac{2}{3}$

$\frac{9}{4} = \frac{8}{4} + \frac{1}{4} = 2 + \frac{1}{4} = 2\frac{1}{4}$

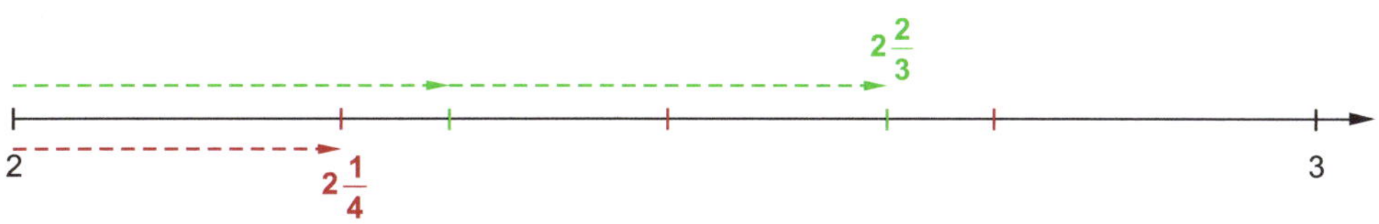

$2\frac{1}{4}$ liegt weiter links als $2\frac{2}{3}$ und ist daher der kleinere Bruch.

d $\frac{27}{4} = \frac{24}{4} + \frac{3}{4} = 6 + \frac{3}{4} = 6\frac{3}{4}$

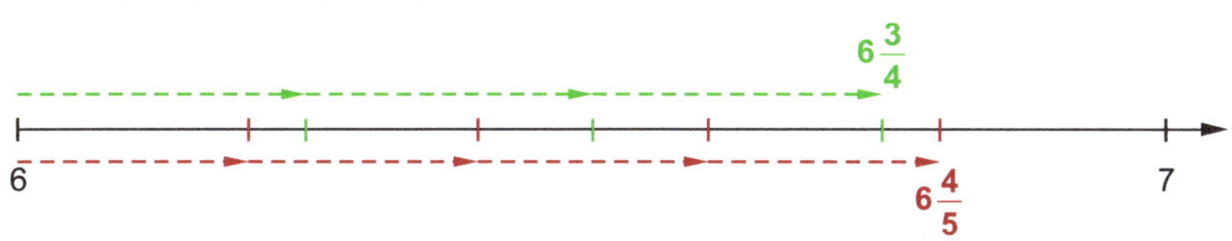

Da $6\frac{3}{4}$ weiter links liegt, ist dieser der kleinere Bruch.

18 $a = \frac{1}{2}$ $b = \frac{1}{4}$ $c = \frac{1}{5}$

$d = \frac{9}{10}$ $e = \frac{3}{4}$ $f = \frac{1}{20}$

Miss die Streckenlänge von 0 bis 1. Sie beträgt 10 cm. Überlege für jeden Buchstaben, in wie viele Teile du diese Strecke teilen müsstest, um den zugehörigen Bruch ablesen zu können.

19

a $\frac{6}{7} = \frac{6 \cdot 4}{7 \cdot 4} = \frac{24}{28}$

b $\frac{1}{2} = \frac{1 \cdot 18}{2 \cdot 18} = \frac{18}{36}$

c $2\frac{3}{5} = 2\frac{3 \cdot 3}{5 \cdot 3} = 2\frac{9}{15}$

d $20\frac{1}{2} = 20\frac{1 \cdot 11}{2 \cdot 11} = 20\frac{11}{22}$

20

Bruch	Erweitern			
	mit 2	mit 3	mit 10	mit 25
$\frac{3}{4}$	$\frac{3 \cdot 2}{4 \cdot 2} = \frac{6}{8}$	$\frac{3 \cdot 3}{4 \cdot 3} = \frac{9}{12}$	$\frac{3 \cdot 10}{4 \cdot 10} = \frac{30}{40}$	$\frac{3 \cdot 25}{4 \cdot 25} = \frac{75}{100}$
$\frac{6}{13}$	$\frac{6 \cdot 2}{13 \cdot 2} = \frac{12}{26}$	$\frac{6 \cdot 3}{13 \cdot 3} = \frac{18}{39}$	$\frac{6 \cdot 10}{13 \cdot 10} = \frac{60}{130}$	$\frac{6 \cdot 25}{13 \cdot 25} = \frac{150}{325}$
$-\frac{8}{15}$	$-\frac{8 \cdot 2}{15 \cdot 2} = -\frac{16}{30}$	$-\frac{8 \cdot 3}{15 \cdot 3} = -\frac{24}{45}$	$-\frac{8 \cdot 10}{15 \cdot 10} = -\frac{80}{150}$	$-\frac{8 \cdot 25}{15 \cdot 25} = -\frac{200}{375}$

21

a mit: **15** — $180 : 12 = 15$ und $105 : 7 = 15$

b mit: **12** — $132 : 11 = 12$ und $204 : (11 + 6) = 204 : 17 = 12$

c mit: **60** — $240 : 4 = 60$ und $540 : 9 = 60$

d mit: **8** — $120 : 15 = 8$ und $368 : (3 \cdot 15 + 1) = 368 : 46 = 8$

22

a $\frac{7}{18} = \frac{91}{234}$ — $234 : 18 = 13$ und $91 : 13 = 7$

b $\frac{2}{7} = \frac{38}{133}$ — $38 : 2 = 19$ und $133 : 19 = 7$

c $\frac{13}{80} = \frac{65}{400}$ — $65 : 13 = 5$ und $80 \cdot 5 = 400$

d $\frac{17}{21} = \frac{357}{441}$ — $441 : 21 = 21$ und $21 \cdot 17 = 357$

23

a $\frac{1}{2} = \frac{1 \cdot 2}{2 \cdot 2} = \frac{2}{4}$

b $\frac{2}{4} = \frac{2 \cdot 2}{4 \cdot 2} = \frac{4}{8}$

c $\frac{1}{2} = \frac{1 \cdot 4}{2 \cdot 4} = \frac{4}{8}$

d $\frac{1}{3} = \frac{1 \cdot 5}{3 \cdot 5} = \frac{5}{15}$

24

a $\frac{2}{3} = \frac{2 \cdot 16}{3 \cdot 16} = \frac{32}{48}$ $48 : 3 = 16$

b $\frac{9}{12} = \frac{9 \cdot 4}{12 \cdot 4} = \frac{36}{48}$ $48 : 12 = 4$

c $\frac{7}{4} = \frac{7 \cdot 12}{4 \cdot 12} = \frac{84}{48}$ $48 : 4 = 12$

d $\frac{23}{24} = \frac{23 \cdot 2}{24 \cdot 2} = \frac{46}{48}$ $48 : 24 = 2$

25

Rechnung	$\frac{12}{7} = \frac{36}{21}$	$\frac{7}{9} = \frac{70}{90}$	$\frac{5}{8} = \frac{20}{40}$	$\frac{12}{13} = \frac{144}{169}$	$\frac{15}{16} = \frac{45}{64}$
Richtig?	ja	ja	nein	nein	nein
Erweiterungsfaktor	3	10	–	–	–

$36 : 12 = 3$	$70 : 7 = 10$	$20 : 5 = 4$	$144 : 12 = 12$	$45 : 15 = 3$
$21 : 7 = 3$	$90 : 9 = 10$	$40 : 8 = 5$	$169 : 13 = 13$	$64 : 16 = 4$
$3 = 3$ ✓	$10 = 10$ ✓	$4 \neq 5$ ↯	$12 \neq 13$ ↯	$3 \neq 4$ ↯

26

a

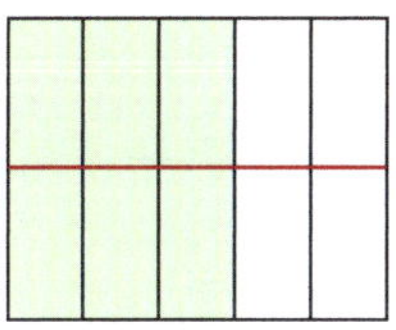

$\frac{3}{5} = \frac{3 \cdot 2}{5 \cdot 2} = \frac{6}{10}$

Das Achteck bietet sich für Achtel an.
Das Viereck bietet sich für Viertel an.
Der Stern mit 6 Ecken bietet sich für Sechstel an.
Somit bleibt das Rechteck für Fünftel übrig.

b

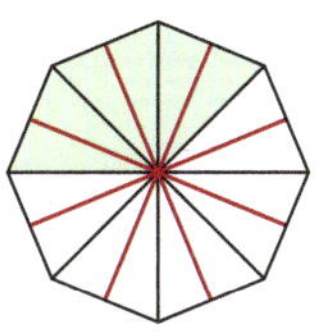

$\frac{3}{8} = \frac{3 \cdot 2}{8 \cdot 2} = \frac{6}{16}$

c

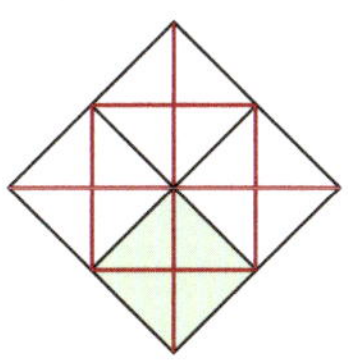

$\frac{1}{4} = \frac{1 \cdot 4}{4 \cdot 4} = \frac{4}{16}$

d

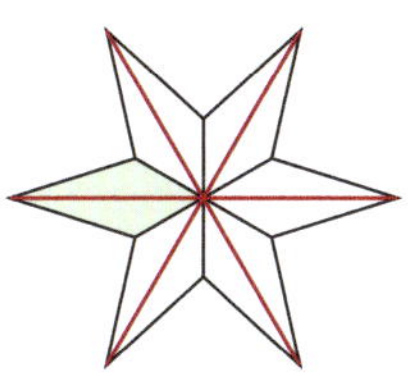

$\frac{1}{6} = \frac{1 \cdot 2}{6 \cdot 2} = \frac{2}{12}$

27

Kürzen	$\frac{6}{12}$	$\frac{12}{18}$	$-\frac{12}{30}$	$\frac{6}{54}$	$\frac{48}{12}$
mit 3	$\frac{6:3}{12:3}=\frac{2}{4}$	$\frac{12:3}{18:3}=\frac{4}{6}$	$-\frac{12:3}{30:3}=-\frac{4}{10}$	$\frac{6:3}{54:3}=\frac{2}{18}$	$\frac{48:3}{12:3}=\frac{16}{4}$
mit 6	$\frac{6:6}{12:6}=\frac{1}{2}$	$\frac{12:6}{18:6}=\frac{2}{3}$	$-\frac{12:6}{30:6}=-\frac{2}{5}$	$\frac{6:6}{54:6}=\frac{1}{9}$	$\frac{48:6}{12:6}=\frac{8}{2}$

28

a $\frac{6}{18}=\frac{6:6}{18:6}=\frac{1}{3}$

b $\frac{11}{33}=\frac{11:11}{33:11}=\frac{1}{3}$

c $-\frac{18}{12}=-\frac{18:6}{12:6}=-\frac{3}{2}$

d $\frac{60}{144}=\frac{60:12}{144:12}=\frac{5}{12}$

e $6\frac{15}{35}=6\frac{15:5}{35:5}=6\frac{3}{7}$

f $-3\frac{12}{32}=-3\frac{12:4}{32:4}=-3\frac{3}{8}$

g $\frac{\cancel{4}^{1}\cdot\cancel{6}^{2}\cdot\cancel{25}^{1}}{\cancel{8}_{2}\cdot\cancel{3}_{1}\cdot\cancel{75}_{3}}=\frac{\cancel{2}^{1}}{\cancel{2}_{1}\cdot 3}=\frac{1}{3}$

h $\frac{8\cdot 12\cdot 450}{45\cdot 24\cdot 32}=\frac{\cancel{8}^{1}\cdot\cancel{12}^{1}\cdot\cancel{450}^{10}}{\cancel{32}_{4}\cdot\cancel{24}_{2}\cdot\cancel{45}_{1}}=\frac{\cancel{10}^{5}}{4\cdot\cancel{2}_{1}}=\frac{5}{4}$

Die Positionen der Faktoren können sowohl im Zähler als auch im Nenner beliebig vertauscht werden. So kannst du sie übereinanderschreiben und mehr Übersicht beim Kürzen erzeugen.

29

Rechnung	$\frac{50}{32}=\frac{5}{16}$	$\frac{40}{36}=\frac{10}{9}$	$\frac{49}{64}=\frac{7}{8}$	$\frac{120}{90}=\frac{12}{9}$	$\frac{21}{56}=\frac{7}{8}$
Richtig?	nein	ja	nein	ja	nein
Kürzungszahl	–	4	–	10	–

$50:5=10$	$40:10=4$	$49:7=7$	$120:12=10$	$21:7=3$
$32:16=2$	$36:9=4$	$64:8=8$	$90:9=10$	$56:8=7$
$10\neq 2$ ↯	$4=4$ ✓	$7\neq 8$ ↯	$10=10$ ✓	$3\neq 7$ ↯

30

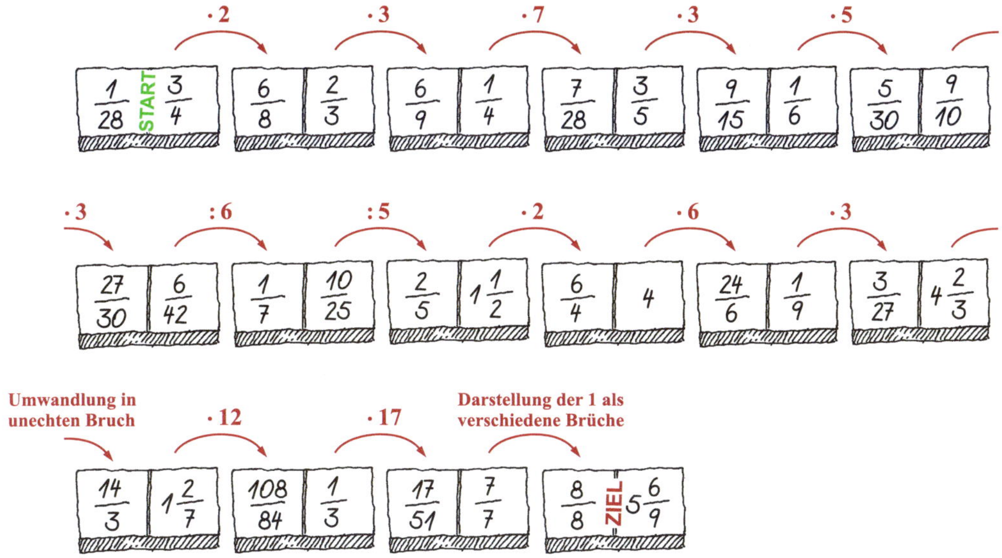
· 2
· 3
· 7
· 3
· 5
1/28 START 3/4
6/8 2/3
6/9 1/4
7/28 3/5
9/15 1/6
5/30 9/10
· 3
: 6
: 5
· 2
· 6
· 3
27/30 6/42
1/7 10/25
2/5 1 1/2
6/4 4
24/6 1/9
3/27 4 2/3
Umwandlung in unechten Bruch
· 12
· 17
Darstellung der 1 als verschiedene Brüche
14/3 1 2/7
108/84 1/3
17/51 7/7
8/8 ZIEL 5 6/9

31

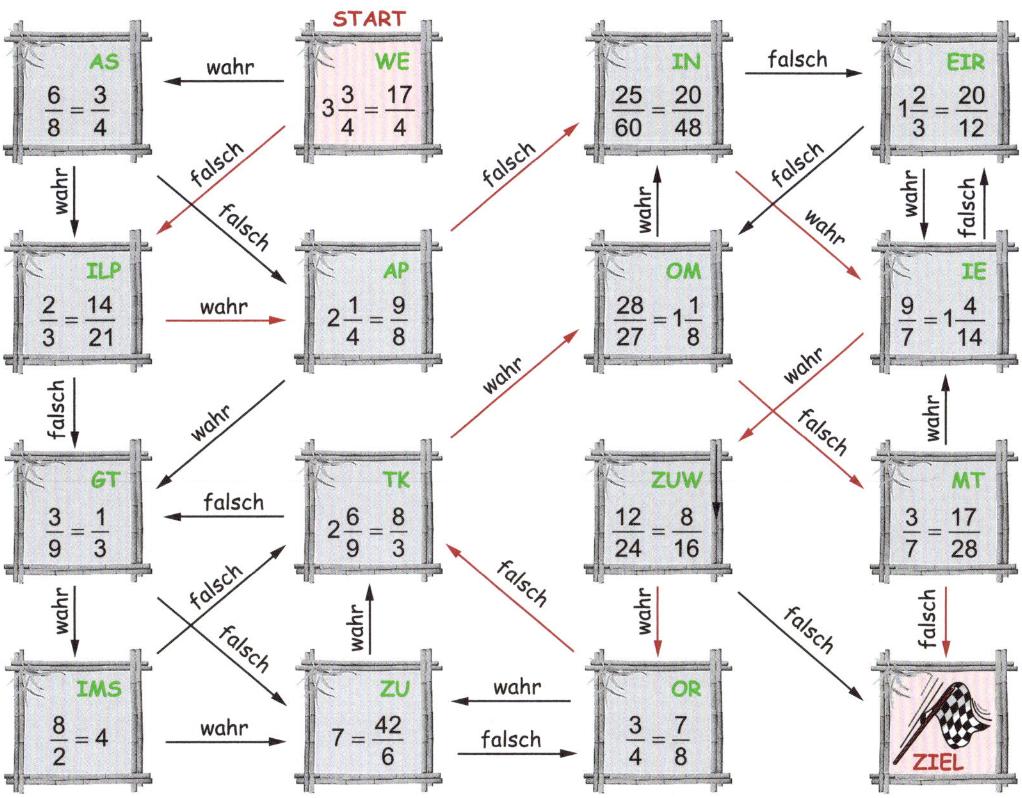
START
AS 6/8 = 3/4
WE 3 3/4 = 17/4
IN 25/60 = 20/48
EIR 1 2/3 = 20/12
ILP 2/3 = 14/21
AP 2 1/4 = 9/8
OM 28/27 = 1 1/8
IE 9/7 = 1 4/14
GT 3/9 = 1/3
TK 2 6/9 = 8/3
ZUW 12/24 = 8/16
MT 3/7 = 17/28
IMS 8/2 = 4
ZU 7 = 42/6
OR 3/4 = 7/8
ZIEL
wahr
falsch

„Max, warum nennt man unsere Sprache Muttersprache?“, fragt die Lehrerin. Max antwortet:

„WEIL PAPI NIE ZU WORT KOMMT.“

32

a $\frac{4}{5} > \frac{4}{8}$ denn $5 < 8$ (Vergleich der Nenner)

b $\frac{4}{8} > \frac{1}{8}$ denn $4 > 1$ (Vergleich der Zähler)

c $\frac{6}{7} < \frac{16}{7}$ denn $6 < 16$ (Vergleich der Zähler)

d $\frac{3}{7} < \frac{3}{5}$ denn $7 > 5$ (Vergleich der Nenner)

e $\frac{9}{3} < \frac{19}{3}$ denn $9 < 19$ (Vergleich der Zähler)

f $\frac{2}{6} < \frac{2}{5}$ denn $6 > 5$ (Vergleich der Nenner)

33

a $\frac{7}{24} < \frac{7}{11} < \frac{7}{9} < \frac{7}{4} < \frac{7}{3} < \frac{7}{2}$

b $\frac{1}{13} < \frac{2}{13} < \frac{6}{13} < \frac{9}{13} < \frac{17}{13} < \frac{25}{13}$

34

a Hauptnenner: 15

$\frac{2}{5} = \frac{6}{15} \quad \Rightarrow \quad \frac{3}{15} < \frac{2}{5}$

b Hauptnenner: 24

$\frac{3}{8} = \frac{9}{24}$ und $\frac{5}{6} = \frac{20}{24} \quad \Rightarrow \quad \frac{3}{8} < \frac{5}{6}$

c Hauptnenner: 24

$\frac{5}{12} = \frac{10}{24}$ und $\frac{1}{8} = \frac{3}{24}$ und $\frac{3}{4} = \frac{18}{24} \quad \Rightarrow \quad \frac{1}{8} < \frac{5}{12} < \frac{3}{4}$

Hast du's gewusst?

d Hauptnenner: 48

$\frac{8}{24} = \frac{16}{48}$ und $\frac{1}{16} = \frac{3}{48}$ $\Rightarrow$ $\frac{1}{16} < \frac{13}{48} < \frac{8}{24}$

e Hauptnenner: 12

$\frac{7}{6} = \frac{14}{12}$ und $1\frac{2}{3} = \frac{5}{3} = \frac{20}{12}$ $\Rightarrow$ $\frac{7}{6} = \frac{14}{12} < 1\frac{2}{3}$

f Hauptnenner: 9

$\frac{4}{3} = \frac{12}{9}$ und $2\frac{1}{3} = \frac{7}{3} = \frac{21}{9}$ $\Rightarrow$ $\frac{7}{9} < \frac{4}{3} < 2\frac{1}{3}$

g Hauptnenner von 12 und 9 ist 36.

$\frac{11}{12} = \frac{33}{36}$ und $\frac{8}{9} = \frac{32}{36}$ $\Rightarrow$ $1\frac{2}{5} < 2\frac{8}{9} < 2\frac{11}{12}$

Vergleich der Ganzen: $1 < 2$

h Hauptnenner von 30 und 45 ist 90.

$\frac{7}{30} = \frac{21}{90}$ und $\frac{12}{45} = \frac{24}{90}$ $\Rightarrow$ $3\frac{7}{30} < 3\frac{12}{45} < 4\frac{7}{30} = 4\frac{21}{90}$

Vergleich der Ganzen: $3 < 4$

35 **a** Die Ordnung stimmt, denn:

$\frac{3}{16} < \frac{4}{16} < \frac{10}{16} < \frac{12}{16} < \frac{20}{16} < \frac{24}{16}$

b Die Ordnung stimmt nicht.

Alle Brüche werden auf den Hauptnenner gebracht.

$\frac{1}{3} = \frac{15}{45}$ und $\frac{4}{5} = \frac{36}{45}$

$\frac{2}{15} = \frac{6}{45}$ und $\frac{8}{5} = \frac{72}{45}$

$\frac{7}{3} = \frac{105}{45}$ und $\frac{19}{9} = \frac{95}{45}$

$\Rightarrow$ $\frac{2}{15} < \frac{1}{3} < \frac{4}{5} < \frac{8}{5} < \frac{19}{9} < \frac{7}{3}$

36 Nur der Bruch $\frac{3}{11}$ ist kleiner als 1. $\Rightarrow$ **kleinster Bruch**

Die Brüche $1\frac{1}{6}$, $\frac{11}{8} = 1\frac{3}{8}$, $1\frac{1}{12}$ und $\frac{9}{6} = 1\frac{3}{6}$ sind > 1, aber < 2. $\Rightarrow$ **Vergleich nötig**

Nur $\frac{12}{5} = 2\frac{2}{5}$ ist größer als 2. $\Rightarrow$ **größter Bruch**

Hauptnenner von 6, 8 und 12 ist 24:

$1\frac{1}{6} = 1\frac{4}{24}$ und $1\frac{3}{8} = 1\frac{9}{24}$

$1\frac{1}{12} = 1\frac{2}{24}$ und $1\frac{3}{6} = 1\frac{12}{24}$

$\Rightarrow\ 1\frac{1}{12} < 1\frac{1}{6} < \frac{11}{8} < \frac{9}{6}$

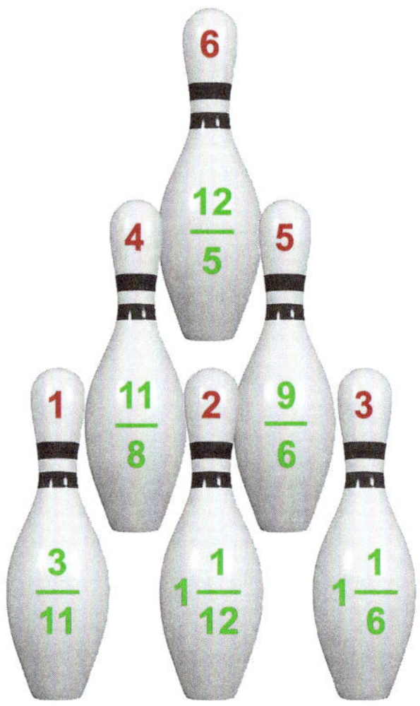

37 a Z. B. $\frac{4}{5}; \frac{5}{5}; \frac{6}{5}$

Das sind nur 3 Möglichkeiten. Du kannst aber auch andere Brüche finden.

b $\frac{3}{5} = \frac{30}{50}; \frac{4}{5} = \frac{40}{50} \quad \Rightarrow$ z. B. $\frac{31}{50}; \frac{32}{50}; \frac{33}{50}$

Erweitere auf einen Bruch mit größerem Nenner.

c $\frac{7}{8} = \frac{70}{80}; 1 = \frac{80}{80} \quad \Rightarrow$ z. B. $\frac{71}{80}; \frac{72}{80}; \frac{73}{80}$

d $\frac{4}{7} = \frac{16}{28}; \frac{3}{4} = \frac{21}{28} \quad \Rightarrow$ z. B. $\frac{18}{28}; \frac{19}{28}; \frac{20}{28}$

38 **Beispiel**

$\frac{5}{8}$ und $\frac{7}{12}$: $\quad 5 \cdot 12 = 60$ und $7 \cdot 8 = 56$

$56 < 60$, also $\frac{5}{8} > \frac{7}{12}$

Erläuterung

Bei dieser Methode werden die Zähler der erweiterten Brüche verglichen. Das Erweitern der Brüche wird jedoch nicht komplett vollzogen, die Multiplikation im Nenner wird nicht ausgeführt, da klar ist, dass nach dem Erweitern beide Brüche den gleichen Nenner haben. Bei gleichem Nenner genügt es, die Zähler zu vergleichen, hier $56 < 60$.
Das Erweitern der Brüche entspricht auch nicht dem Erweitern auf den Hauptnenner, da man den Zähler des einen Bruches einfach mit dem Nenner des anderen Bruches multipliziert, ohne darauf zu achten, was das kgV der beiden Nenner wäre.

39

a Z. B. $-\frac{6}{5}$; $-\frac{5}{5}$; $-\frac{4}{5}$

b Z. B. $\frac{6}{9}$; $\frac{7}{9}$; $\frac{8}{9}$ $\qquad \frac{4}{9} < \frac{♣}{9} < 1 = \frac{9}{9}$

c Die Brüche werden zuerst gleichnamig gemacht:

$-\frac{100}{60} < -\frac{15♣}{60} < -\frac{36}{60}$

Je kleiner der Zähler, desto größer ist der Bruch, also muss 15♣ kleiner als 100 und größer als 36 sein.

Zahlen für ♣ probieren:
♣ = 3 ⇒ 15 · 3 = 45 ✓
♣ = 4 ⇒ 15 · 4 = 60 ✓
♣ = 5 ⇒ 15 · 5 = 75 ✓
♣ = 6 ⇒ 15 · 6 = 90 ✓
♣ = 7 ⇒ 15 · 7 = 105 ↯

Für ♣ kann z. B. 3, 4 oder 5 gewählt werden.

d Gleichnamig machen:

$-\frac{80}{140} < -\frac{28♣}{140} < \frac{105}{140}$

Da negative Brüche immer kleiner als positive sind und ♣ eine natürliche Zahl ist, muss nur die Bedingung 28♣ < 80 erfüllt sein.

Zahlen für ♣ probieren:
♣ = 1 ⇒ 28 · 1 = 28 ✓
♣ = 2 ⇒ 28 · 2 = 56 ✓
♣ = 3 ⇒ 28 · 3 = 84 ↯

Man findet nur 2 natürliche Zahlen ≠ 0 für ♣, nämlich ♣ = 1 oder ♣ = 2.

40

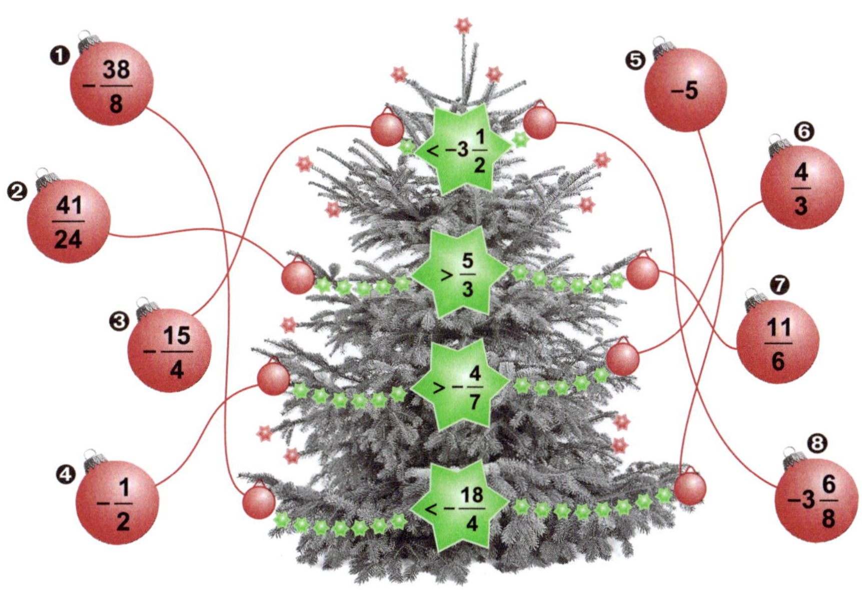

❶ $-\frac{38}{8} = -4\frac{6}{8} = -4\frac{3}{4} < -\frac{18}{4} = -4\frac{2}{4}$

❷ $\frac{41}{24} = 1\frac{17}{24} > \frac{5}{3} = 1\frac{2}{3} = 1\frac{16}{24}$

❸ $-\frac{15}{4} = -3\frac{3}{4} < -3\frac{1}{2} = -3\frac{2}{4}$

❹ $-\frac{1}{2} = -\frac{7}{14} > -\frac{4}{7} = -\frac{8}{14}$

❺ $-5 = -\frac{20}{4} < -\frac{18}{4}$

❻ $\frac{4}{3} < \frac{5}{3}$ sowie $\frac{4}{3} > -\frac{4}{7}$

❼ $\frac{11}{6} > \frac{5}{3} = \frac{10}{6}$

❽ $-3\frac{6}{8} < -3\frac{1}{2} = -3\frac{4}{8}$

Test 1

1

a $1\frac{3}{5} = 1 + \frac{3}{5} = \frac{5}{5} + \frac{3}{5} = \frac{8}{5}$

b $6\frac{1}{9} = 6 + \frac{1}{9} = \frac{54}{9} + \frac{1}{9} = \frac{55}{9}$

c $13\frac{2}{3} = 13 + \frac{2}{3} = \frac{39}{3} + \frac{2}{3} = \frac{41}{3}$

d $-4\frac{5}{12} = -\left(4 + \frac{5}{12}\right) = -\left(\frac{48}{12} + \frac{5}{12}\right) = -\frac{53}{12}$

2

a $\frac{5}{4} = \frac{4}{4} + \frac{1}{4} = 1 + \frac{1}{4} = 1\frac{1}{4}$

b $\frac{11}{5} = \frac{10}{5} + \frac{1}{5} = 2 + \frac{1}{5} = 2\frac{1}{5}$

c $\frac{71}{7} = \frac{70}{7} + \frac{1}{7} = 10 + \frac{1}{7} = 10\frac{1}{7}$

d $\frac{244}{100} = \frac{200}{100} + \frac{44}{100} = 2 + \frac{44}{100} = 2\frac{44}{100}$

3

$\frac{4}{10}$

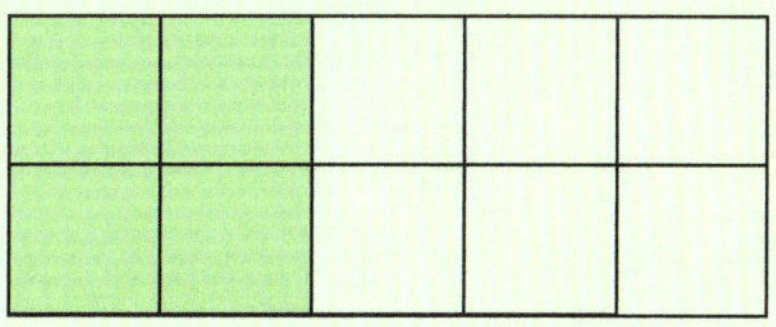

$\frac{1}{4}$

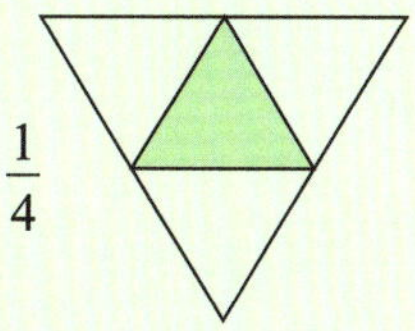

$\frac{1}{2}$

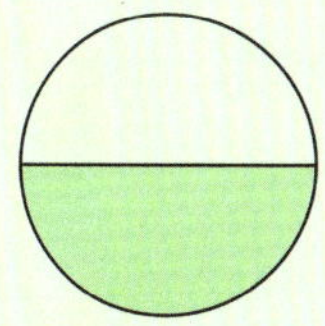

4

a $\frac{2}{4} = \frac{1}{2}$

b $\frac{8}{12} = \frac{2}{3}$

c $3\frac{4}{8} = 3\frac{1}{2}$

d $\frac{14}{8} = \frac{7}{4} = 1\frac{3}{4}$

5

6

a $\frac{3}{5} < \frac{3}{4}$ da: $5 > 4$ (Vergleich Nenner)

b $\frac{1}{9} < \frac{2}{7}$ da: $\frac{1}{9} = \frac{2}{18}$

$18 > 7$ (Vergleich Nenner)

c $\frac{7}{3} > 2\frac{1}{4}$ da: $\frac{7}{3} = 2\frac{1}{3}$

$3 < 4$ (Vergleich Nenner)

d $\frac{9}{5} > \frac{11}{8}$ da: $\frac{9}{5} = \frac{72}{40}$ und $\frac{11}{8} = \frac{55}{40}$

$72 > 55$ (Vergleich Zähler)

7 Die Brüche können alle auf den Nenner 12 gebracht werden:

$\frac{3}{4} = \frac{9}{12}$; $\frac{5}{6} = \frac{10}{12}$; $\frac{4}{8} = \frac{1}{2} = \frac{6}{12}$; $-\frac{1}{3} = -\frac{4}{12}$

Als Maßstab bietet sich daher z. B. 1 LE ≙ 6 cm an.

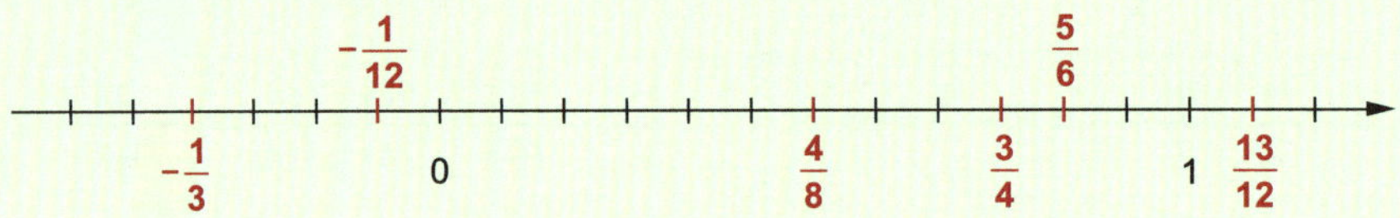

8

a ★ = 16

denn: $2\frac{4}{14} = 2 + \frac{4}{14} = \frac{28}{14} + \frac{4}{14} = \frac{32}{14} = \frac{32:2}{14:2} = \frac{16}{7}$

b ★ = 27

denn: $1\frac{1}{9} = 1 + \frac{1}{9} = \frac{9}{9} + \frac{1}{9} = \frac{10}{9} = \frac{10 \cdot 3}{9 \cdot 3} = \frac{30}{27}$

c ★ = 8

denn: $-\frac{25}{40} = -\frac{25:5}{40:5} = -\frac{5}{8}$

d ★ = 4

denn: $\frac{6}{15} = \frac{6 \cdot 2}{15 \cdot 2} = \frac{12}{30} = \frac{12:3}{30:3} = \frac{4}{10}$

Rechnen mit Brüchen

17 kann man weder durch 2 noch durch 3 noch durch 9 teilen, während 18 durch diese drei Zahlen teilbar ist.

$$\frac{1}{2}+\frac{1}{3}+\frac{1}{9}=\frac{9+6+2}{18}=\frac{17}{18}$$

Der Vater hat also $\frac{1}{18}$ des Erbes gar nicht verteilt.

41

a $\frac{7}{15}+\frac{3}{15}=\frac{7+3}{15}=\frac{10}{15}=\frac{2}{3}$ Am Ende wird mit 5 gekürzt.

b $\frac{7}{13}+\frac{3}{13}-\frac{2}{13}=\frac{7+3-2}{13}=\frac{8}{13}$

c $\frac{6}{8}-\frac{1}{8}+\frac{3}{8}=\frac{6-1+3}{8}=\frac{8}{8}=1$

d $\frac{4}{9}-\frac{7}{9}=\frac{4-7}{9}=\frac{-3}{9}=-\frac{3}{9}=-\frac{1}{3}$ Das Minus wird vor den Bruch geschrieben.

42

a $\frac{1}{4}+\frac{1}{2}+\frac{1}{8}=\frac{2}{8}+\frac{4}{8}+\frac{1}{8}=\frac{2+4+1}{8}=\frac{7}{8}$

b $\frac{3}{12}+\frac{1}{4}-\frac{3}{2}=\frac{3}{12}+\frac{3}{12}-\frac{18}{12}=\frac{3+3-18}{12}=\frac{-12}{12}=-1$

c $-\frac{2}{7}-\frac{13}{42}-\frac{2}{3}=-\frac{12}{42}-\frac{13}{42}-\frac{28}{42}=\frac{-12-13-28}{42}=\frac{-53}{42}=-\frac{53}{42}$

d $-\frac{2}{15}+\frac{1}{6}-\frac{4}{10}=-\frac{4}{30}+\frac{5}{30}-\frac{12}{30}=\frac{-4+5-12}{30}=\frac{-11}{30}=-\frac{11}{30}$

43

a

❻	❶	❺	
$\frac{1}{2}$	$\frac{1}{9}$	$\frac{7}{18}$	❷
$\frac{2}{9}$	$\frac{1}{3}$	$\frac{4}{9}$	
$\frac{5}{18}$	$\frac{5}{9}$	$\frac{1}{6}$	❹
			❸

❶ $\frac{5}{9}+\frac{1}{3}=\frac{5+3}{9}=\frac{8}{9}$

$\frac{9}{9}-\frac{8}{9}=\frac{9-8}{9}=\frac{1}{9}$

❷ $\frac{1}{2}+\frac{1}{9}=\frac{9}{18}+\frac{2}{18}=\frac{9+2}{18}=\frac{11}{18}$

$\frac{18}{18}-\frac{11}{18}=\frac{18-11}{18}=\frac{7}{18}$

❸ $\frac{1}{2}+\frac{1}{3}=\frac{3}{6}+\frac{2}{6}=\frac{3+2}{6}=\frac{5}{6}$

$\frac{6}{6}-\frac{5}{6}=\frac{6-5}{6}=\mathbf{\frac{1}{6}}$

❹ $\frac{5}{9}+\frac{1}{6}=\frac{10}{18}+\frac{3}{18}=\frac{10+3}{18}=\frac{13}{18}$

$\frac{18}{18}-\frac{13}{18}=\frac{18-13}{18}=\mathbf{\frac{5}{18}}$

❺ $\frac{7}{18}+\frac{1}{6}=\frac{7+3}{18}=\frac{10}{18}=\frac{5}{9}$

$\frac{9}{9}-\frac{5}{9}=\frac{9-5}{9}=\mathbf{\frac{4}{9}}$

❻ $\frac{1}{2}+\frac{5}{18}=\frac{9+5}{18}=\frac{14}{18}=\frac{7}{9}$

$\frac{9}{9}-\frac{7}{9}=\frac{9-7}{9}=\mathbf{\frac{2}{9}}$

b

❶	❹	❻	❸
13/30	1/5	**11/30**	❷
4/15	**1/3**	**2/5**	
3/10	**7/15**	**7/30**	❺

❶ $\frac{4}{15}+\frac{3}{10}=\frac{8}{30}+\frac{9}{30}=\frac{17}{30}$

$\frac{30}{30}-\frac{17}{30}=\mathbf{\frac{13}{30}}$

❷ $\frac{13}{30}+\frac{1}{5}=\frac{13}{30}+\frac{6}{30}=\frac{19}{30}$

$\frac{30}{30}-\frac{19}{30}=\mathbf{\frac{11}{30}}$

❸ $\frac{11}{30}+\frac{3}{10}=\frac{11}{30}+\frac{9}{30}=\frac{20}{30}=\frac{2}{3}$

$\frac{3}{3}-\frac{2}{3}=\mathbf{\frac{1}{3}}$

❹ $\frac{1}{5}+\frac{1}{3}=\frac{3}{15}+\frac{5}{15}=\frac{8}{15}$

$\frac{15}{15}-\frac{8}{15}=\mathbf{\frac{7}{15}}$

❺ $\frac{3}{10}+\frac{7}{15}=\frac{9}{30}+\frac{14}{30}=\frac{23}{30}$

$\frac{30}{30}-\frac{23}{30}=\mathbf{\frac{7}{30}}$

❻ $\frac{11}{30}+\frac{7}{30}=\frac{18}{30}=\frac{3}{5}$

$\frac{5}{5}-\frac{3}{5}=\mathbf{\frac{2}{5}}$

44

a

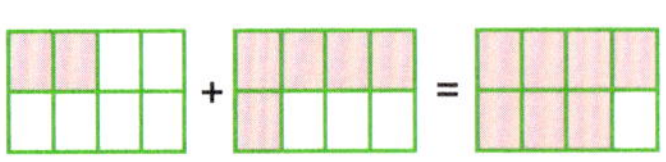

$\frac{2}{8}+\frac{5}{8}=\mathbf{\frac{7}{8}}$

Hier ist es sinnvoll, **zuerst die Rechnung** zu **vervollständigen** und dann erst auf die Grafik zu übertragen.

b

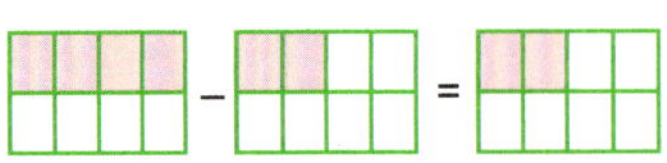

$\mathbf{\frac{4}{8}}-\mathbf{\frac{2}{8}}=\mathbf{\frac{2}{8}}$

Hier bietet es sich an, **zuerst die Grafik** zu **vervollständigen**. Von 4 Teilen bleiben 2 übrig, also müssen **2** von 4 abgezogen werden.

c

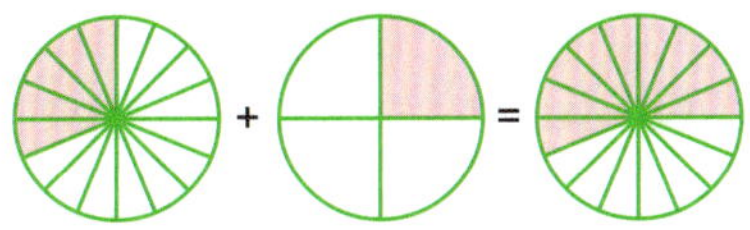

$\frac{5}{16} + \frac{1}{4} = \frac{9}{16}$

$\frac{1}{4} = \frac{1 \cdot 4}{4 \cdot 4} = \frac{4}{16}$

$\frac{9}{16} - \frac{4}{16} = \frac{5}{16}$

d

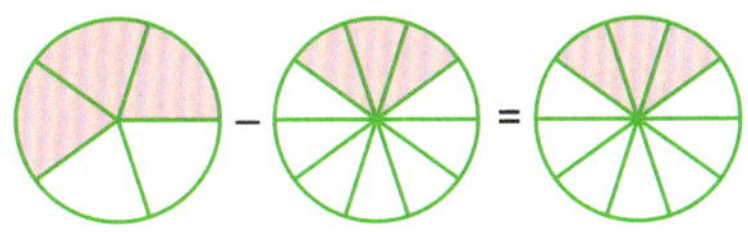

$\frac{3}{5} - \frac{3}{10} = \frac{3}{10}$

$\frac{3}{10} + \frac{3}{10} = \frac{6}{10}$

$\frac{6}{10} = \frac{6:2}{10:2} = \frac{3}{5}$

45 Gegeben: $\frac{1}{3}$ des Beetes für Karotten

$\frac{2}{7}$ des Beetes für Radieschen

Gesucht: Rest für Erdbeeren

$1 - \frac{1}{3} - \frac{2}{7} = \frac{21}{21} - \frac{7}{21} - \frac{6}{21} = \frac{21-7-6}{21} = \frac{8}{21}$

$\frac{8}{21}$ des Beetes steht für Erdbeeren zur Verfügung.

Notiere dir am besten, welche Größen gegeben und welche gesucht sind.

Von 1 Beet werden die Anteile für Karotten und Radieschen abgezogen.

46 Gegeben: $\frac{1}{3}$ ℓ Apfelsaft

$\frac{1}{6}$ ℓ Ananassaft

$\frac{3}{8}$ ℓ Maracujasaft

1 ℓ Fassungsvermögen

Gesucht: Differenz von Fassungsvermögen und Befüllung

$1 - \frac{1}{3} - \frac{1}{6} - \frac{3}{8} = \frac{24}{24} - \frac{8}{24} - \frac{4}{24} - \frac{9}{24} = \frac{24-8-4-9}{24} = \frac{3}{24} = \frac{1}{8}$

Der Krug läuft nicht über, es bleibt sogar $\frac{1}{8}$ ℓ frei.

Von 1 ℓ werden die Anteile für die einzelnen Säfte abgezogen.

47 **a** *Lösungsweg 1:*

$2\frac{5}{8} - 1\frac{7}{8} = 1\frac{13}{8} - 1\frac{7}{8} = (1-1) + \frac{13-7}{8} = 0 + \frac{6}{8} = \frac{6}{8} = \frac{3}{4}$

1 Ganzes in einen Bruch umwandeln.

Lösungsweg 2:

$2\frac{5}{8} - 1\frac{7}{8} = \frac{21}{8} - \frac{15}{8} = \frac{21-15}{8} = \frac{6}{8} = \frac{3}{4}$

In unechte Brüche umwandeln.

Hast du's gewusst?

b *Lösungsweg 1:*

$$\frac{7}{20}+1\frac{3}{20}+2\frac{9}{20}=(1+2)+\frac{7+3+9}{20}=3+\frac{19}{20}=3\frac{19}{20}$$

Lösungsweg 2:

$$\frac{7}{20}+1\frac{3}{20}+2\frac{9}{20}=\frac{7}{20}+\frac{23}{20}+\frac{49}{20}=\frac{79}{20}=\frac{60}{20}+\frac{19}{20}=3+\frac{19}{20}=3\frac{19}{20}$$

c $2\frac{1}{9}+3\frac{4}{9}+1\frac{4}{9}=(2+3+1)+\frac{1+4+4}{9}=6+\frac{9}{9}=6+1=7$

d $14\frac{4}{9}-15\frac{7}{9}=\frac{130}{9}-\frac{142}{9}=\frac{130-142}{9}=\frac{-12}{9}=-\frac{4}{3}=-\frac{3}{3}-\frac{1}{3}=-1-\frac{1}{3}=-1\frac{1}{3}$

Bei den Teilaufgaben c und d wird nur noch eine Lösungsvariante angegeben.

48

a	b	a + b	a − b	b + a
$1\frac{1}{2}$	$\frac{5}{6}$	❶ $2\frac{1}{3}$	❷ $\frac{2}{3}$	$2\frac{1}{3}$
❸ $\frac{7}{12}$	$\frac{1}{12}$	❹ $\frac{2}{3}$	$\frac{1}{2}$	$\frac{2}{3}$
$2\frac{3}{5}$	❺ $\frac{1}{2}$	$3\frac{1}{10}$	❻ $2\frac{1}{10}$	$3\frac{1}{10}$

Beachte: a + b = b + a

❶ $1\frac{1}{2}+\frac{5}{6}=1\frac{3}{6}+\frac{5}{6}=1+\frac{3+5}{6}=1+\frac{8}{6}=1+1\frac{2}{6}=2\frac{2}{6}=2\frac{1}{3}$

❷ $1\frac{1}{2}-\frac{5}{6}=1\frac{3}{6}-\frac{5}{6}=\frac{9}{6}-\frac{5}{6}=\frac{9-5}{6}=\frac{4}{6}=\frac{2}{3}$

❸ $\frac{1}{12}+\frac{1}{2}=\frac{1}{12}+\frac{6}{12}=\frac{1+6}{12}=\frac{7}{12}$

❹ $\frac{7}{12}+\frac{1}{12}=\frac{7+1}{12}=\frac{8}{12}=\frac{2}{3}$

❺ $3\frac{1}{10}-2\frac{3}{5}=3\frac{1}{10}-2\frac{6}{10}=2\frac{11}{10}-2\frac{6}{10}=(2-2)+\frac{11-6}{10}=0+\frac{5}{10}=\frac{5}{10}=\frac{1}{2}$

❻ $2\frac{3}{5}-\frac{1}{2}=2\frac{6}{10}-\frac{5}{10}=2+\frac{6-5}{10}=2+\frac{1}{10}=2\frac{1}{10}$

49 Addition der Saftmengen für die Bowle:

$$4\frac{2}{3}+2\frac{3}{4}+3\frac{1}{2}=(4+2+3)+\left(\frac{8}{12}+\frac{9}{12}+\frac{6}{12}\right)=9+\frac{8+9+6}{12}=9+\frac{23}{12}=9+1\frac{11}{12}=10\frac{11}{12}$$

Vergleich der Saftmenge mit der benötigten Menge:

$$10\frac{11}{12}<11\frac{1}{5}$$

Die von Jana notierten Mengen reichen also nicht aus.

50 a $\frac{1}{3}+\frac{3}{4}+\frac{2}{3}+\frac{3}{4}=\left(\frac{1}{3}+\frac{2}{3}\right)+\left(\frac{3}{4}+\frac{3}{4}\right)=\frac{3}{3}+\frac{6}{4}=1+\frac{3}{2}=2\frac{1}{2}$

b $\frac{4}{9}+\frac{5}{6}+\frac{14}{9}+\frac{4}{6}=\left(\frac{4}{9}+\frac{14}{9}\right)+\left(\frac{5}{6}+\frac{4}{6}\right)=\frac{18}{9}+\frac{9}{6}=2+\frac{3}{2}=3\frac{1}{2}$

c $2\frac{1}{3}+1\frac{1}{4}+2\frac{1}{2}+1\frac{2}{3}=(2+1+2+1)+\left(\frac{1}{3}+\frac{2}{3}\right)+\left(\frac{1}{4}+\frac{1}{2}\right)=6+\frac{1+2}{3}+\frac{1+2}{4}=6+1+\frac{3}{4}=7\frac{3}{4}$

d $3\frac{2}{5}+4\frac{1}{2}+1\frac{1}{2}=(3+4+1)+\left(\frac{1}{2}+\frac{1}{2}\right)+\frac{2}{5}=8+1+\frac{2}{5}=9\frac{2}{5}$

e $\frac{3}{5}+\frac{7}{8}-\frac{4}{5}-\frac{7}{8}=\left(\frac{3}{5}-\frac{4}{5}\right)+\left(\frac{7}{8}-\frac{7}{8}\right)=\frac{3-4}{5}+\frac{0}{8}=-\frac{1}{5}$

f $2\frac{1}{2}+3\frac{4}{7}-3\frac{1}{2}-3\frac{2}{7}=\left(2\frac{1}{2}-3\frac{1}{2}\right)+\left(3\frac{4}{7}-3\frac{2}{7}\right)=(2-3)+\left(\frac{1}{2}-\frac{1}{2}\right)+(3-3)+\left(\frac{4}{7}-\frac{2}{7}\right)$

$=-1+0+0+\frac{4-2}{7}=-1+\frac{2}{7}=-\frac{7}{7}+\frac{2}{7}=\frac{-7+2}{7}=\frac{-5}{7}=-\frac{5}{7}$

51 a $-\frac{1}{3}-\left(\frac{1}{8}+\frac{1}{5}\right)=-\frac{79}{120}$ $\quad -\frac{40}{120}-\frac{15}{120}-\frac{24}{120}=-\frac{79}{120}$

b $\frac{5}{12}-\left(\frac{1}{4}-\frac{1}{2}\right)=\frac{2}{3}$ $\quad \frac{5}{12}-\frac{3}{12}+\frac{6}{12}=\frac{8}{12}$

c $\frac{10}{21}-\frac{1}{7}-\frac{1}{4}=\frac{1}{12}$ $\quad \frac{40}{84}-\frac{12}{84}-\frac{21}{84}=\frac{7}{84}$ Klammern sind hier nicht nötig.

d $\frac{8}{11}-\left(\frac{1}{2}-\frac{1}{4}\right)-\frac{1}{8}=\frac{31}{88}$ $\quad \frac{64}{88}-\frac{44}{88}+\frac{22}{88}-\frac{11}{88}=\frac{31}{88}$

52 Kathi hat beim Klammernsetzen das **Minus vor der Klammer nicht beachtet** oder falsch gesetzt. Richtig wäre:

$\left(2\frac{1}{3}-1\frac{2}{3}\right)+\left(-1\frac{3}{4}-\frac{1}{4}\right)$ oder $\left(2\frac{1}{3}-1\frac{2}{3}\right)-\left(1\frac{3}{4}+\frac{1}{4}\right)$

Rechnung:

$2\frac{1}{3}-1\frac{3}{4}-1\frac{2}{3}-\frac{1}{4}=\left(2\frac{1}{3}-1\frac{2}{3}\right)-\left(1\frac{3}{4}+\frac{1}{4}\right)$

$=\left(1\frac{4}{3}-1\frac{2}{3}\right)-2$

$=\frac{2}{3}-2$

$=\frac{2}{3}-\frac{6}{3}$

$=-\frac{4}{3}$

Hast du's gewusst?

53 Fläche für Feld, Stallungen und andere Gebäude:

$$15\frac{1}{2}+1\frac{2}{5}+\frac{5}{6}=(15+1)+\left(\frac{15}{30}+\frac{12}{30}+\frac{25}{30}\right)=16\frac{52}{30}=17\frac{22}{30}=17\frac{11}{15}$$

Restliche Fläche:

$$27-17\frac{11}{15}=26\frac{15}{15}-17\frac{11}{15}=(26-17)+\frac{15-11}{15}=9\frac{4}{15}$$

Die Fläche des Weidelandes beträgt $9\frac{4}{15}$ ha.

54

a $\frac{3}{9}+\frac{2}{5}=\frac{15+18}{45}=\frac{33}{45}=\frac{11}{15}$ → B

b $\frac{6}{7}+\frac{6}{14}=\frac{12+6}{14}=\frac{18}{14}=\frac{9}{7}=1\frac{2}{7}$ → R

c $1\frac{1}{2}+1\frac{2}{3}=2+\frac{3+4}{6}=2+\frac{7}{6}=2+1\frac{1}{6}=3\frac{1}{6}$ → Ü

d $\frac{3}{8}+\frac{3}{4}+\frac{3}{6}=\frac{9+18+12}{24}=\frac{39}{24}=1\frac{15}{24}=1\frac{5}{8}$ → C

e $\frac{7}{51}+\frac{6}{34}=\frac{7}{51}+\frac{3}{17}=\frac{7+9}{51}=\frac{16}{51}$ → H

f $\frac{15}{25}-\frac{2}{15}=\frac{3}{5}-\frac{2}{15}=\frac{9-2}{15}=\frac{7}{15}$ → E

g $1\frac{2}{3}-1\frac{1}{6}=\frac{2}{3}-\frac{1}{6}=\frac{4-1}{6}=\frac{3}{6}=\frac{1}{2}$ → K

h $2\frac{4}{9}-1\frac{2}{3}=1\frac{13}{9}-1\frac{6}{9}=\frac{13-6}{9}=\frac{7}{9}$ → Ö

i $\frac{11}{12}-\frac{10}{15}=\frac{11}{12}-\frac{2}{3}=\frac{11-8}{12}=\frac{3}{12}=\frac{1}{4}$ → N

j $\frac{1}{24}+\frac{1}{12}+\frac{1}{8}=\frac{1+2+3}{24}=\frac{6}{24}=\frac{1}{4}$ → N

k $\frac{1}{2}+\frac{1}{15}-\frac{1}{10}=\frac{15+2-3}{30}=\frac{14}{30}=\frac{7}{15}$ → E

l $\frac{3}{4}-\frac{3}{14}-\frac{2}{7}=\frac{21-6-8}{28}=\frac{7}{28}=\frac{1}{4}$ → N

m $\frac{2}{3}-\left(\frac{11}{12}-\frac{1}{4}\right)=\frac{8}{12}-\frac{11-3}{12}=\frac{8}{12}-\frac{8}{12}=0$ → G

n $1\frac{5}{6}-\frac{3}{5}-\frac{7}{10}-\frac{1}{15}=\frac{55-18-21-2}{30}=\frac{14}{30}=\frac{7}{15}$ → E o $\left(\frac{7}{8}+\frac{1}{2}\right)-\left(\frac{3}{4}-\frac{3}{8}\right)=\frac{7+4}{8}-\frac{6-3}{8}=\frac{11-3}{8}=\frac{8}{8}=1$ → M

p $1\frac{4}{9}-\left(\frac{1}{2}+\frac{4}{9}+\frac{1}{30}\right)=\frac{130}{90}-\frac{45+40+3}{90}=\frac{130-88}{90}=\frac{42}{90}=\frac{7}{15}$ → E

q $\frac{5}{6}-\frac{2}{3}+\frac{1}{4}=\frac{10-8+3}{12}=\frac{5}{12}$ → I

r $1\frac{3}{7}-\left(\frac{3}{14}+\frac{6}{7}\right)-\frac{3}{28}=\frac{40}{28}-\frac{6+24}{28}-\frac{3}{28}=\frac{40-30-3}{28}=\frac{7}{28}=\frac{1}{4}$ → N

s $\frac{5}{6}-\left(\frac{2}{7}+\frac{3}{42}\right)=\frac{35}{42}-\frac{12+3}{42}=\frac{35-15}{42}=\frac{20}{42}=\frac{10}{21}$ → S

t $2\frac{5}{12}-\frac{3}{20}-1\frac{1}{2}-\frac{3}{10}=\frac{145-9-90-18}{60}=\frac{28}{60}=\frac{7}{15}$ → E

u $\frac{1}{6}+\frac{7}{30}+\frac{1}{60}=\frac{10+14+1}{60}=\frac{25}{60}=\frac{5}{12}$ → I

v $\frac{89}{120}-\left(\frac{1}{5}+\frac{1}{6}+\frac{1}{8}\right)=\frac{89}{120}-\frac{24+20+15}{120}=\frac{89-59}{120}=\frac{30}{120}=\frac{1}{4}$ → N

Lösungsspruch:

a	b	c	d	e	f
B	R	Ü	C	H	E

g	h	i	j	k	l
K	Ö	N	N	E	N

m	n	o	p	q	r
G	E	M	E	I	N

s	t	u	v
S	E	I	N

!

55

a $\frac{3}{7}\cdot\frac{5}{4}=\frac{3\cdot 5}{7\cdot 4}=\frac{15}{28}$

b $-\frac{1}{2}\cdot\frac{3}{5}=-\frac{1\cdot 3}{2\cdot 5}=-\frac{3}{10}$ – mal + ergibt –.

c $\frac{2}{3}\cdot\left(-\frac{9}{11}\right)=-\frac{2\cdot \cancel{9}^{3}}{\cancel{3}_{1}\cdot 11}=-\frac{6}{11}$ + mal – ergibt –.

d $\frac{5}{8}\cdot\frac{4}{7}=\frac{5\cdot \cancel{4}^{1}}{\cancel{8}_{2}\cdot 7}=\frac{5}{14}$

e $\frac{2}{9}\cdot\frac{3}{8}=\frac{\cancel{2}^{1}\cdot \cancel{3}^{1}}{\cancel{9}_{3}\cdot \cancel{8}_{4}}=\frac{1}{12}$

f $-\frac{16}{7}\cdot\frac{28}{64}=-\frac{\cancel{16}^{1}\cdot \cancel{28}^{4}}{\cancel{7}_{1}\cdot \cancel{64}_{4}}=-\frac{4}{4}=-1$ – mal + ergibt –.

g $7 \cdot \frac{3}{14} = \frac{\cancel{7}^{1} \cdot 3}{\cancel{14}_{2}} = \frac{3}{2} = 1\frac{1}{2}$

h $-5 \cdot \frac{11}{15} = -\frac{\cancel{5}^{1} \cdot 11}{\cancel{15}^{3}} = -\frac{11}{3} = -3\frac{2}{3}$ – mal + ergibt –.

i $\frac{5}{8} \cdot (-16) = -\frac{5 \cdot \cancel{16}^{2}}{\cancel{8}_{1}} = -10$ + mal – ergibt –.

j $1\frac{1}{2} \cdot \frac{4}{3} = \frac{3}{2} \cdot \frac{4}{3} = \frac{\cancel{3}^{1} \cdot \cancel{4}^{2}}{\cancel{2}_{1} \cdot \cancel{3}_{1}} = 2$

k $\frac{11}{17} \cdot 2\frac{3}{22} = \frac{11}{17} \cdot \frac{47}{22} = \frac{\cancel{11}^{1} \cdot 47}{17 \cdot \cancel{22}_{2}} = \frac{47}{34} = 1\frac{13}{34}$

l $\left(-\frac{8}{17}\right) \cdot \left(-2\frac{1}{8}\right) = \left(-\frac{8}{17}\right) \cdot \left(-\frac{17}{8}\right) = \frac{\cancel{8}^{1} \cdot \cancel{17}^{1}}{\cancel{17}_{1} \cdot \cancel{8}_{1}} = 1$ – mal – ergibt +.

m $-9 \cdot 3\frac{11}{27} = -9 \cdot \frac{92}{27} = -\frac{\cancel{9}^{1} \cdot 92}{\cancel{27}_{3}} = -\frac{92}{3} = -30\frac{2}{3}$ – mal + ergibt –.

n $2\frac{3}{8} \cdot 8\frac{2}{3} = \frac{19}{8} \cdot \frac{26}{3} = \frac{19 \cdot \cancel{26}^{13}}{\cancel{8}_{4} \cdot 3} = \frac{247}{12} = 20\frac{7}{12}$

56 **a**

❶ $\frac{\cancel{3}^{1} \cdot \cancel{4}^{2}}{\cancel{2}_{1} \cdot \cancel{9}_{3}} = \frac{2}{3}$

❷ $\frac{\cancel{4}^{1} \cdot \cancel{3}^{1}}{\cancel{9}_{3} \cdot \cancel{4}_{1}} = \frac{1}{3}$

❸ $\frac{3 \cdot \cancel{8}^{2}}{\cancel{4}_{1} \cdot 7} = \frac{6}{7}$

❹ $\frac{2 \cdot 1}{3 \cdot 3} = \frac{2}{9}$

❺ $\frac{1 \cdot \cancel{6}^{2}}{\cancel{3}_{1} \cdot 7} = \frac{2}{7}$

❻ $\frac{2 \cdot 2}{9 \cdot 7} = \frac{4}{63}$

b

❶ $\frac{\cancel{11}^{1} \cdot \cancel{8}^{2}}{\cancel{12}_{3} \cdot \cancel{33}_{3}} = \frac{2}{9}$

❷ $\frac{\cancel{8}^{1} \cdot \cancel{11}^{1}}{\cancel{33}_{3} \cdot \cancel{16}_{2}} = \frac{1}{6}$

❸ $-\frac{\cancel{11}^{1} \cdot \cancel{48}^{3}}{\cancel{16}_{1} \cdot \cancel{11}_{1}} = -3$

❹ $\frac{\cancel{2}^{1} \cdot 1}{9 \cdot \cancel{6}_{3}} = \frac{1}{27}$

❺ $-\frac{1 \cdot \cancel{3}^{1}}{\cancel{6}_{2}} = -\frac{1}{2}$

❻ $-\frac{1 \cdot 1}{27 \cdot 2} = -\frac{1}{54}$

57 a $\frac{4}{3} \cdot \frac{4}{7} = \frac{16}{21}$

b $\frac{5}{4} \cdot \frac{1}{3} = \frac{5}{12}$

c $\frac{4}{5} \cdot \frac{6}{7} = \frac{24}{35}$

d $\frac{1}{6} \cdot \frac{3}{5} = \frac{1}{10}$ $\qquad \frac{1}{10} = \frac{3}{30}$

e $\frac{2}{9} \cdot \frac{3}{5} = \frac{2}{15}$ $\qquad \frac{2}{15} = \frac{6}{45}$

f $\frac{55}{11} \cdot \frac{2}{7} = 1\frac{3}{7}$ $\qquad 1\frac{3}{7} = \frac{10}{7} = \frac{110}{77}$

58 $\left(\frac{3}{8} + \frac{1}{6}\right) \cdot \left(\frac{3}{4} - \frac{3}{10}\right) = \frac{9+4}{24} \cdot \frac{15-6}{20} = \frac{13}{24} \cdot \frac{9}{20} = \frac{13 \cdot \cancel{9}^{3}}{\cancel{24}_{8} \cdot 20} = \frac{39}{160}$

59 $4\frac{3}{5} \cdot 3\frac{3}{4} = \frac{23}{5} \cdot \frac{15}{4} = \frac{23 \cdot \cancel{15}^{3}}{\cancel{5}_{1} \cdot 4} = \frac{69}{4}$ $\qquad$ Wandfläche = Breite · Höhe

$2 \cdot \frac{69}{4} = \frac{\cancel{2}^{1} \cdot 69}{\cancel{4}_{2}} = \frac{69}{2} = 34\frac{1}{2}$ $\qquad$ 2 Wandflächen

Tom muss eine Fläche von $34\frac{1}{2}$ m² streichen und daher 4 Farbbehälter kaufen.

Hast du's gewusst?

60

a	b	c	a·b	b·c	a·c	b·a	a·b·c
$\frac{2}{5}$	$\frac{15}{16}$	$\frac{8}{9}$	❶ $\frac{3}{8}$	❷ $\frac{5}{6}$	❸ $\frac{16}{45}$	❹ $\frac{3}{8}$	❺ $\frac{1}{3}$
$2\frac{4}{5}$	$1\frac{7}{8}$	$3\frac{1}{2}$	❻ $5\frac{1}{4}$	❼ $6\frac{9}{16}$	❽ $9\frac{4}{5}$	❾ $5\frac{1}{4}$	❿ $18\frac{3}{8}$

❶ $\frac{\cancel{2}^{1}\cdot\cancel{15}^{3}}{\cancel{5}_{1}\cdot\cancel{16}_{8}}=\frac{3}{8}$

❷ $\frac{\cancel{15}^{5}\cdot\cancel{8}^{1}}{\cancel{16}_{2}\cdot\cancel{9}_{3}}=\frac{5}{6}$

❸ $\frac{2\cdot 8}{5\cdot 9}=\frac{16}{45}$

❹ $\frac{15}{16}\cdot\frac{2}{5}=\frac{2}{5}\cdot\frac{15}{16}\overset{❶}{=}\frac{3}{8}$

❺ $\frac{2\cdot\cancel{15}^{3}\cdot\cancel{8}^{1}}{\cancel{5}_{1}\cdot\cancel{16}_{2}\cdot 9}=\frac{\cancel{2}^{1}\cdot\cancel{3}^{1}}{\cancel{2}_{1}\cdot\cancel{9}_{3}}=\frac{1}{3}$

❻ $2\frac{4}{5}\cdot 1\frac{7}{8}=\frac{\cancel{14}^{7}\cdot\cancel{15}^{3}}{\cancel{5}_{1}\cdot\cancel{8}_{4}}=\frac{21}{4}=5\frac{1}{4}$

❼ $1\frac{7}{8}\cdot 3\frac{1}{2}=\frac{15\cdot 7}{8\cdot 2}=\frac{105}{16}=6\frac{9}{16}$

❽ $2\frac{4}{5}\cdot 3\frac{1}{2}=\frac{\cancel{14}^{7}\cdot 7}{5\cdot\cancel{2}_{1}}=\frac{49}{5}=9\frac{4}{5}$

❾ $1\frac{7}{8}\cdot 2\frac{4}{5}=2\frac{4}{5}\cdot 1\frac{7}{8}\overset{❻}{=}5\frac{1}{4}$

❿ $2\frac{4}{5}\cdot 1\frac{7}{8}\cdot 3\frac{1}{2}=\frac{\cancel{14}^{7}\cdot\cancel{15}^{3}\cdot 7}{\cancel{5}_{1}\cdot 8\cdot\cancel{2}_{1}}=\frac{147}{8}=18\frac{3}{8}$

61 Wandle zunächst die gemischten Zahlen in unechte Brüche um:

$1\frac{4}{9}=1+\frac{4}{9}=\frac{9}{9}+\frac{4}{9}=\frac{13}{9}$

$4\frac{2}{9}=4+\frac{2}{9}=\frac{36}{9}+\frac{2}{9}=\frac{38}{9}$

$2\frac{1}{3}=2+\frac{1}{3}=\frac{6}{3}+\frac{1}{3}=\frac{7}{3}$

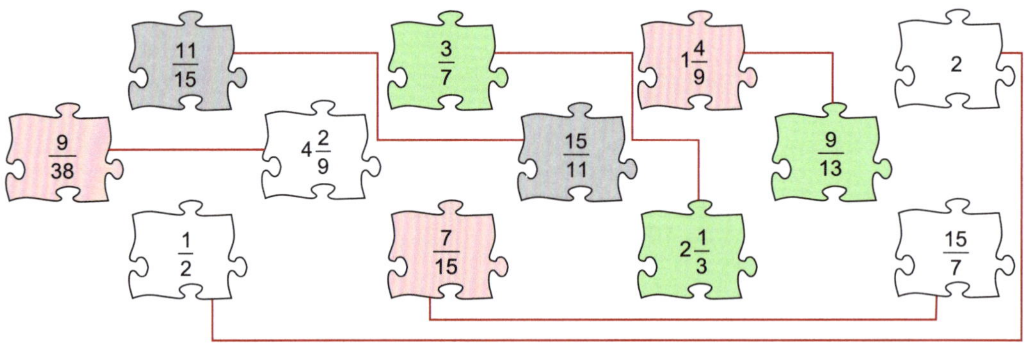

62 a $\frac{1}{2}:\frac{1}{3}=\frac{1}{2}\cdot\frac{3}{1}=\frac{1\cdot 3}{2\cdot 1}=\frac{3}{2}=1\frac{1}{2}$

b $-\frac{3}{4}:\frac{1}{9}=-\frac{3}{4}\cdot\frac{9}{1}=-\frac{3\cdot 9}{4\cdot 1}=-\frac{27}{4}=-6\frac{3}{4}$

c $\frac{3}{5}:\frac{9}{10}=\frac{3}{5}\cdot\frac{10}{9}=\frac{\cancel{3}^{1}\cdot\cancel{10}^{2}}{\cancel{5}_{1}\cdot\cancel{9}_{3}}=\frac{2}{3}$

d $6:\left(-\frac{3}{8}\right)=6\cdot\left(-\frac{8}{3}\right)=-\frac{\cancel{6}^{2}\cdot 8}{\cancel{3}_{1}}=-16$

e $1:\frac{4}{15}=1\cdot\frac{15}{4}=\frac{15}{4}=3\frac{3}{4}$

f $1\frac{1}{2}:\frac{3}{8}=\frac{3}{2}\cdot\frac{8}{3}=\frac{\cancel{3}^{1}\cdot\cancel{8}^{4}}{\cancel{2}_{1}\cdot\cancel{3}_{1}}=4$

g $0:\frac{1}{7}=0\cdot\frac{7}{1}=0$

h $\left(-\frac{3}{8}\right):(-6)=\left(-\frac{3}{8}\right)\cdot\left(-\frac{1}{6}\right)=\frac{\cancel{3}^{1}\cdot 1}{8\cdot\cancel{6}_{2}}=\frac{1}{16}$

i $\frac{\frac{3}{4}}{\frac{3}{4}}=\frac{3}{4}:\frac{3}{4}=\frac{3}{4}\cdot\frac{4}{3}=\frac{\cancel{3}^{1}\cdot\cancel{4}^{1}}{\cancel{4}_{1}\cdot\cancel{3}_{1}}=1$

j $\frac{1}{\frac{5}{9}}=1:\frac{5}{9}=1\cdot\frac{9}{5}=\frac{9}{5}=1\frac{4}{5}$

63 **a**

❶ $\frac{3}{8}:\frac{3}{2}=\frac{\cancel{3}^{1}\cdot\cancel{2}^{1}}{\cancel{8}_{4}\cdot\cancel{3}_{1}}=\frac{1}{4}$

❷ $\frac{3}{2}:5=\frac{3\cdot 1}{2\cdot 5}=\frac{3}{10}$

❸ $\frac{1}{4}:\frac{3}{10}=\frac{1\cdot\cancel{10}^{5}}{\cancel{4}_{2}\cdot 3}=\frac{5}{6}$

❹ $5:\frac{100}{3}=\frac{\cancel{5}^{1}\cdot 3}{\cancel{100}_{20}}=\frac{3}{20}$

❺ $\frac{3}{10}:\frac{3}{20}=\frac{\cancel{3}^{1}\cdot\cancel{20}^{2}}{\cancel{10}_{1}\cdot\cancel{3}_{1}}=2$

❻ $\frac{5}{6}:2=\frac{5\cdot 1}{6\cdot 2}=\frac{5}{12}$

Hast du's gewusst?

b

❶ $\frac{3}{4} \cdot \frac{1}{6} = \frac{\cancel{3}^{1} \cdot 1}{4 \cdot \cancel{6}_{2}} = \frac{1}{8}$

❷ $\frac{1}{8} \cdot \frac{1}{3} = \frac{1 \cdot 1}{8 \cdot 3} = \frac{1}{24}$

❸ $\frac{3}{4} : \frac{1}{2} = \frac{3 \cdot \cancel{2}^{1}}{\cancel{4}_{2} \cdot 1} = \frac{3}{2}$

❹ $\frac{1}{3} : \frac{1}{6} = \frac{1 \cdot \cancel{6}^{2}}{\cancel{3}_{1} \cdot 1} = 2$

❺ $\frac{1}{6} : \frac{3}{2} = \frac{1 \cdot \cancel{2}^{1}}{\cancel{6}_{3} \cdot 3} = \frac{1}{9}$

❻ $2 : \frac{1}{9} = \frac{2 \cdot 9}{1} = 18$

64 $645 : 1\frac{1}{2} = 645 : \frac{3}{2} = \frac{\cancel{645}^{215} \cdot 2}{\cancel{3}_{1}} = 430$

In der Kiste sind 430 Pakete.

65 $50 : 1\frac{3}{10} = 50 : \frac{13}{10} = \frac{50 \cdot 10}{13} = \frac{500}{13} = 38\frac{6}{13}$

Es können maximal 38 Sträucher gepflanzt werden.

66

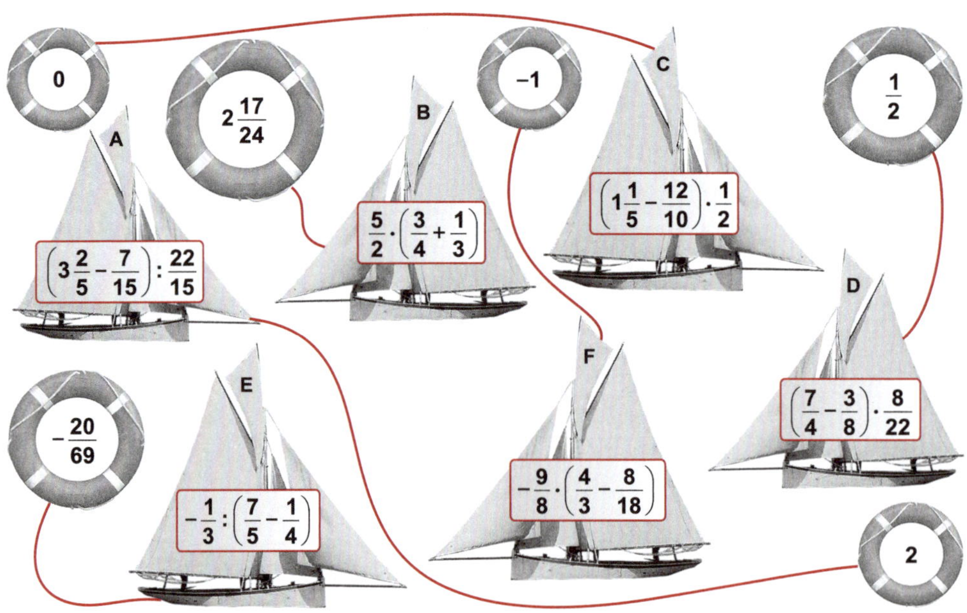

A $\left(3\frac{2}{5}-\frac{7}{15}\right):\frac{22}{15}=\left(\frac{17}{5}-\frac{7}{15}\right)\cdot\frac{15}{22}=\frac{51-7}{15}\cdot\frac{15}{22}=\frac{\cancel{44}^{2}\cdot\cancel{15}^{1}}{\cancel{15}_{1}\cdot\cancel{22}_{1}}=2$

B $\frac{5}{2}\cdot\left(\frac{3}{4}+\frac{1}{3}\right)=\frac{5}{2}\cdot\frac{9+4}{12}=\frac{5\cdot13}{2\cdot12}=\frac{65}{24}=2\frac{17}{24}$

C $\left(1\frac{1}{5}-\frac{12}{10}\right)\cdot\frac{1}{2}=\left(\frac{6}{5}-\frac{6}{5}\right)\cdot\frac{1}{2}=0\cdot\frac{1}{2}=0$

D $\left(\frac{7}{4}-\frac{3}{8}\right)\cdot\frac{8}{22}=\frac{14-3}{8}\cdot\frac{8}{22}=\frac{\cancel{11}^{1}\cdot\cancel{8}^{1}}{\cancel{8}_{1}\cdot\cancel{22}_{2}}=\frac{1}{2}$

E $-\frac{1}{3}:\left(\frac{7}{5}-\frac{1}{4}\right)=-\frac{1}{3}:\frac{28-5}{20}=-\frac{1}{3}:\frac{23}{20}=-\frac{1\cdot20}{3\cdot23}=-\frac{20}{69}$

F $-\frac{9}{8}\cdot\left(\frac{4}{3}-\frac{8}{18}\right)=-\frac{9}{8}\cdot\frac{24-8}{18}=-\frac{\cancel{9}^{1}\cdot\cancel{16}^{2}}{\cancel{8}_{1}\cdot\cancel{18}_{2}}=-\frac{2}{2}=-1$

67

a $\left(\frac{5}{6}+\frac{1}{3}\right):\left(\frac{2}{9}\cdot\frac{3}{4}\right)=\frac{5+2}{6}:\left(\frac{\cancel{2}^{1}\cdot\cancel{3}^{1}}{\cancel{9}_{3}\cdot\cancel{4}_{2}}\right)=\frac{7}{6}:\frac{1}{6}=\frac{7\cdot\cancel{6}^{1}}{\cancel{6}_{1}\cdot1}=7$ → W

b $\frac{3}{8}\cdot\left[\frac{2}{3}-\left(\frac{1}{15}+\frac{7}{12}\right)\right]=\frac{3}{8}\cdot\left(\frac{2}{3}-\frac{4+35}{60}\right)=\frac{3}{8}\cdot\frac{40-39}{60}=\frac{\cancel{3}^{1}\cdot1}{8\cdot\cancel{60}_{20}}=\frac{1}{160}$ → R

c $\left(\frac{4}{9}\cdot\frac{3}{8}\right):\left(\frac{1}{3}-\frac{1}{2}\right)=\frac{\cancel{4}^{1}\cdot\cancel{3}^{1}}{\cancel{9}_{3}\cdot\cancel{8}_{2}}:\frac{2-3}{6}=\frac{1}{6}:\left(-\frac{1}{6}\right)=-\frac{1\cdot\cancel{6}^{1}}{\cancel{6}_{1}\cdot1}=-1$ → M

d $\left(\frac{7}{9}+\frac{3}{4}\right):1\frac{1}{2}=\frac{28+27}{36}:\frac{3}{2}=\frac{55\cdot\cancel{2}^{1}}{\cancel{36}_{18}\cdot3}=\frac{55}{54}=1\frac{1}{54}$ → I

e $\left[\left(1\frac{3}{8}-1\frac{7}{9}\right)\cdot4\right]:\frac{1}{9}=\left[\left(\frac{11}{8}-\frac{16}{9}\right)\cdot4\right]:\frac{1}{9}=\left(\frac{99-128}{72}\cdot4\right):\frac{1}{9}=\left(\frac{-29\cdot\cancel{4}^{1}}{\cancel{72}_{18}}\right):\frac{1}{9}$

$=-\frac{29}{18}:\frac{1}{9}=-\frac{29\cdot\cancel{9}^{1}}{\cancel{18}_{2}\cdot1}=-\frac{29}{2}=-14\frac{1}{2}$ → A

f $\left(-\frac{1}{8}:\frac{3}{4}\right)\cdot\left(-3\frac{1}{3}\right)+\left(\frac{16}{27}:\frac{4}{3}\right)=-\frac{1\cdot\cancel{4}^{1}}{\cancel{8}_{2}\cdot3}\cdot\left(-\frac{10}{3}\right)+\frac{\cancel{16}^{4}\cdot\cancel{3}^{1}}{\cancel{27}_{9}\cdot\cancel{4}_{1}}=-\frac{1}{6}\cdot\left(-\frac{10}{3}\right)+\frac{4}{9}$

$=\frac{1\cdot\cancel{10}^{5}}{\cancel{6}_{3}\cdot3}+\frac{4}{9}=\frac{5}{9}+\frac{4}{9}=\frac{5+4}{9}=\frac{9}{9}=1$ → S

Heimathafen:

W	I	S	M	A	R

Hast du's gewusst?

68

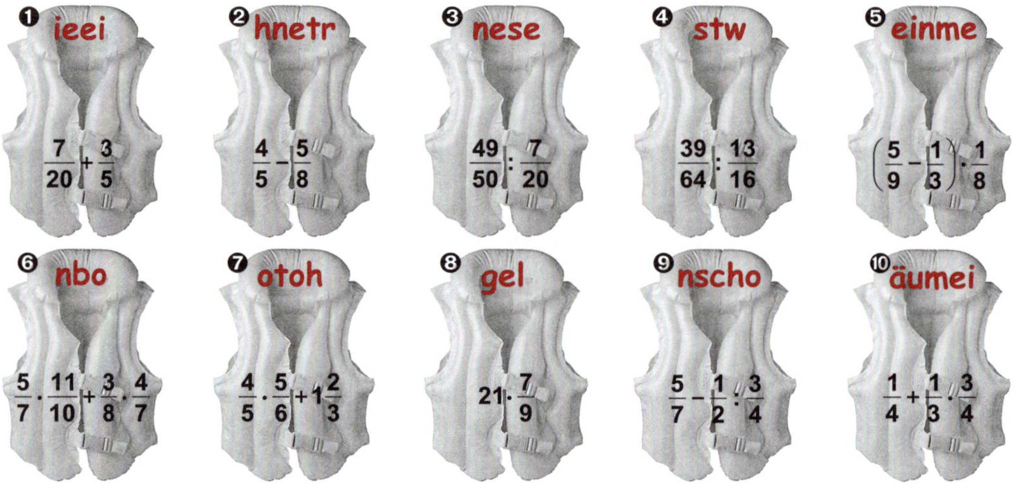

❶ $\frac{7}{20}+\frac{3}{5}=\frac{7+12}{20}=\frac{19}{20}$

❷ $\frac{4}{5}-\frac{5}{8}=\frac{32-25}{40}=\frac{7}{40}$

❸ $\frac{49}{50}:\frac{7}{20}=\frac{\cancel{49}^{7}\cdot\cancel{20}^{2}}{\cancel{50}_{5}\cdot\cancel{7}_{1}}=\frac{14}{5}=2\frac{4}{5}$

❹ $\frac{39}{64}:\frac{13}{16}=\frac{\cancel{39}^{3}\cdot\cancel{16}^{1}}{\cancel{64}_{4}\cdot\cancel{13}_{1}}=\frac{3}{4}$

❺ $\left(\frac{5}{9}-\frac{1}{3}\right)\cdot\frac{1}{8}=\frac{5-3}{9}\cdot\frac{1}{8}=\frac{\cancel{2}^{1}\cdot 1}{9\cdot\cancel{8}_{4}}=\frac{1}{36}$

❻ $\frac{5}{7}\cdot\frac{11}{10}+\frac{3}{8}\cdot\frac{4}{7}=\frac{\cancel{5}^{1}\cdot 11}{7\cdot\cancel{10}_{2}}+\frac{3\cdot\cancel{4}^{1}}{\cancel{8}_{2}\cdot 7}=\frac{11}{14}+\frac{3}{14}=\frac{14}{14}=1$

❼ $\frac{4}{5}\cdot\frac{5}{6}+1\frac{2}{3}=\frac{\cancel{4}^{2}\cdot\cancel{5}^{1}}{\cancel{5}_{1}\cdot\cancel{6}_{3}}+\frac{5}{3}=\frac{2}{3}+\frac{5}{3}=\frac{7}{3}=2\frac{1}{3}$

❽ $21\cdot\frac{7}{9}=\frac{\cancel{21}^{7}\cdot 7}{\cancel{9}_{3}}=\frac{49}{3}=16\frac{1}{3}$

❾ $\frac{5}{7}-\frac{1}{2}:\frac{3}{4}=\frac{5}{7}-\frac{1\cdot\cancel{4}^{2}}{\cancel{2}_{1}\cdot 3}=\frac{5}{7}-\frac{2}{3}=\frac{15-14}{21}=\frac{1}{21}$

❿ $\frac{1}{4}+\frac{1}{3}\cdot\frac{3}{4}=\frac{1}{4}+\frac{1\cdot\cancel{3}^{1}}{\cancel{3}_{1}\cdot 4}=\frac{1}{4}+\frac{1}{4}=\frac{2}{4}=\frac{1}{2}$

Hast du's gewusst?

$$\frac{1}{36} < \frac{1}{21} < \frac{7}{40} < \frac{1}{2} < \frac{3}{4} < \frac{19}{20} < 1 < 2\frac{1}{3} < 2\frac{4}{5} < 16\frac{1}{3}$$

Botschaft (setze Trennlinien):

E	I	N	M	E	N	S	C	H	O	H	N	E	T	R	Ä	U	M	E	I	S

T	W	I	E	E	I	N	B	O	O	T	O	H	N	E	S	E	G	E	L

.

Test 2

1

a	b	a+b	a−b	a·b	a:b
4	$\frac{4}{7}$	$4\frac{4}{7}$	$3\frac{3}{7}$	❶ $2\frac{2}{7}$	❷ 7
❸ $\frac{5}{6}$	$1\frac{1}{3}$	$2\frac{1}{6}$	❹ $-\frac{1}{2}$	❺ $1\frac{1}{9}$	❻ $\frac{5}{8}$
$-\frac{1}{2}$	$\frac{4}{9}$	❼ $-\frac{1}{18}$	❽ $-\frac{17}{18}$	❾ $-\frac{2}{9}$	❿ $-1\frac{1}{8}$

❶ $4\cdot\frac{4}{7}=\frac{4\cdot4}{7}=\frac{16}{7}=2\frac{2}{7}$

❷ $4:\frac{4}{7}=\cancel{4}^{1}\cdot\frac{7}{\cancel{4}^{1}}=7$

❸ $2\frac{1}{6}-1\frac{1}{3}=\frac{13}{6}-\frac{8}{6}=\frac{5}{6}$

❹ $\frac{5}{6}-1\frac{1}{3}=\frac{5}{6}-\frac{4}{3}=\frac{5}{6}-\frac{8}{6}=-\frac{3}{6}=-\frac{1}{2}$

❺ $\frac{5}{6}\cdot1\frac{1}{3}=\frac{5}{\cancel{6}^{3}}\cdot\frac{\cancel{4}^{2}}{3}=\frac{10}{9}=1\frac{1}{9}$

❻ $\frac{5}{6}:1\frac{1}{3}=\frac{5}{\cancel{6}^{2}}\cdot\frac{\cancel{3}^{1}}{4}=\frac{5}{8}$

❼ $-\frac{1}{2}+\frac{4}{9}=-\frac{9}{18}+\frac{8}{18}=-\frac{1}{18}$

❽ $-\frac{1}{2}-\frac{4}{9}=-\frac{9}{18}-\frac{8}{18}=-\frac{17}{18}$

❾ $-\frac{1}{\cancel{2}^{1}}\cdot\frac{\cancel{4}^{2}}{9}=-\frac{2}{9}$

❿ $-\frac{1}{2}:\frac{4}{9}=-\frac{1}{2}\cdot\frac{9}{4}=-\frac{9}{8}=-1\frac{1}{8}$

2

a $\frac{4}{3}\cdot\frac{3}{5}=\frac{12}{15}$

b $\frac{6}{7}\cdot\frac{4}{6}=\frac{24}{42}$

c $\frac{3}{5}\cdot\frac{3}{6}=\frac{3}{10}$ $\qquad \frac{3}{10}=\frac{9}{30}$

d $\frac{2}{9}\cdot\frac{27}{5}=1\frac{3}{15}$ $\qquad 1\frac{3}{15}=\frac{18}{15}=\frac{54}{45}$

3

a $\frac{1}{24}+\frac{5}{12}+\frac{3}{8}=\frac{1+10+9}{24}=\frac{20}{24}=\frac{5}{6}$

b $\frac{5}{6}-\left(\frac{1}{42}+\frac{1}{7}\right)=\frac{35}{42}-\frac{1+6}{42}=\frac{35-7}{42}=\frac{28}{42}=\frac{2}{3}$

c $\frac{5}{3}\cdot\left(\frac{2}{9}+\frac{1}{6}\right)=\frac{5}{3}\cdot\frac{4+3}{18}=\frac{5\cdot7}{3\cdot18}=\frac{35}{54}$

d $\left(\frac{7}{4}-\frac{5}{8}\right):\frac{3}{4}=\frac{14-5}{8}\cdot\frac{4}{3}=\frac{\cancel{9}^{3}}{\cancel{8}_{2}}\cdot\frac{\cancel{4}^{1}}{\cancel{3}_{1}}=\frac{3}{2}$

e $\frac{\cancel{6}^{2}}{7}\cdot\frac{4}{\cancel{9}_{3}}-\frac{1}{7}:\frac{3}{5}=\frac{8}{21}-\frac{1}{7}\cdot\frac{5}{3}=\frac{8}{21}-\frac{5}{21}=\frac{3}{21}=\frac{1}{7}$

f $3\frac{1}{3}-\left[\left(\frac{1}{2}+\frac{3}{8}\right):\frac{3}{16}\right]=\frac{10}{3}-\left[\left(\frac{4}{8}+\frac{3}{8}\right)\cdot\frac{16}{3}\right]=\frac{10}{3}-\left(\frac{7}{\cancel{8}_{1}}\cdot\frac{\cancel{16}^{2}}{3}\right)=\frac{10}{3}-\frac{14}{3}=-\frac{4}{3}$

4 Gegeben: $1\frac{1}{2}\,\ell$ Apfelsaft $\quad 1\frac{3}{8}\,\ell$ Orangensaft

$\frac{1}{12}\,\ell$ Maracujasirup $\quad \frac{3}{4}\,\ell$ Mineralwasser

je Glas $\frac{1}{3}\,\ell$

Gesucht: Anzahl voller Gläser

Die Flüssigkeitsmengen werden addiert:

$$1\frac{1}{2}+1\frac{3}{8}+\frac{1}{12}+\frac{3}{4}=\frac{3}{2}+\frac{11}{8}+\frac{1}{12}+\frac{3}{4}=\frac{36}{24}+\frac{33}{24}+\frac{2}{24}+\frac{18}{24}=\frac{89}{24}$$

Die Menge wird auf die Gläser aufgeteilt:

$$\frac{89}{24}:\frac{1}{3}=\frac{89}{\cancel{24}_{8}}\cdot\frac{\cancel{3}^{1}}{1}=\frac{89}{8}=11\frac{1}{8}$$

Es können **11 Gläser** gefüllt werden und es bleibt ein kleiner Rest übrig.

5 Zusammengefügt ergibt sich:

$\frac{1}{2}+\frac{2}{5}=\frac{9}{10}$

$\frac{2}{3}-\frac{3}{4}=-\frac{1}{12}$

$1\frac{1}{4}-\frac{8}{9}=\frac{13}{36}$

$2\frac{1}{2}+\frac{7}{8}=3\frac{3}{8}$

$\frac{6}{11}-\frac{7}{11}=-\frac{1}{11}$

Hast du's gewusst?

Dezimalzahlen

Milch: $\frac{1}{8} = \frac{1 \cdot 125}{8 \cdot 125} = \frac{125}{1\,000} = 0{,}125 \quad \Rightarrow \quad 0{,}125\ \ell \cdot 1\,000 = \mathbf{125\ m\ell}$ $\qquad 1\ \ell = 1\,000\ m\ell$

Mehl: $\frac{2}{5} = \frac{2 \cdot 200}{5 \cdot 200} = \frac{400}{1\,000} = 0{,}400 \quad \Rightarrow \quad 0{,}400\ \text{kg} \cdot 1\,000 = \mathbf{400\ g}$ $\qquad 1\ \text{kg} = 1\,000\ \text{g}$

69

Zahl	ZT	T	H	Z	E	z	h	t	zt
4,29					**4**	**2**	**9**		
23,07				2	3	0	7		
0,0125							**1**	**2**	**5**
75 909,9	**7**	**5**	**9**	**0**	**9**	**9**			
872,924			8	7	2	9	2	4	
0,2202						2	2	0	2

70

a 402,01

b 1 503,0501

c 20 000,107

d 80 020,57

71

a 31,56 €

b 54,05 €

c 40,01 €

d 1,25 kg

e 1,37 kg

f 1,805 kg

72

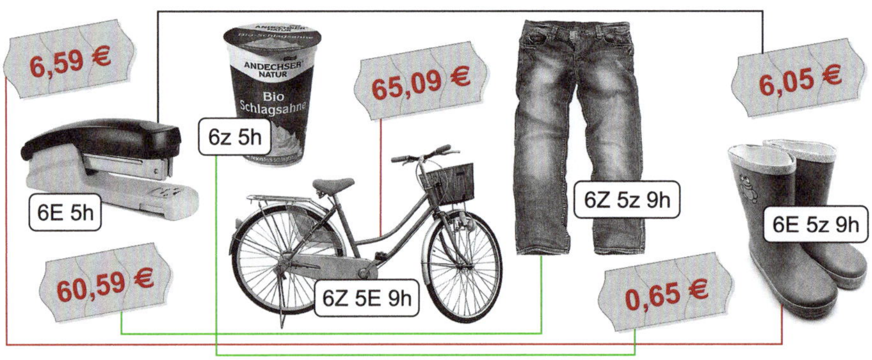

73

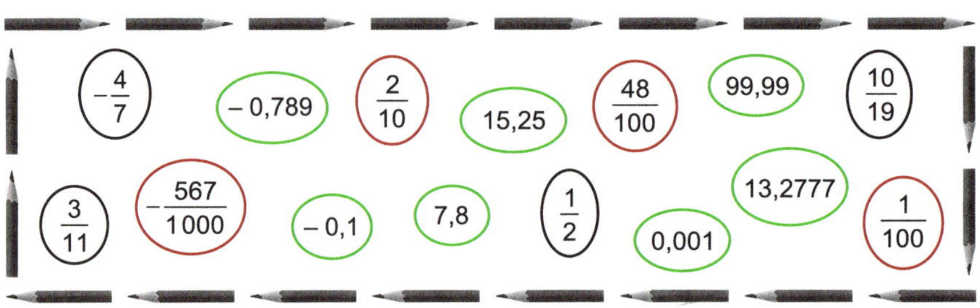

74 a $0,4 = \frac{4}{10}$ b $0,034 = \frac{34}{1\,000}$

c $0,057 = \frac{57}{1\,000}$ d $0,0622 = \frac{622}{10\,000}$

75 a $0,25 = \frac{25}{100} = \frac{1}{4}$ b $1,7 = 1\frac{7}{10}$

c $-3,952 = -3\frac{952}{1\,000} = -3\frac{119}{125}$ d $0,049 = \frac{49}{1\,000}$

e $37,20 = 37\frac{20}{100} = 37\frac{1}{5}$ f $-525,8 = -525\frac{8}{10} = -525\frac{4}{5}$

76

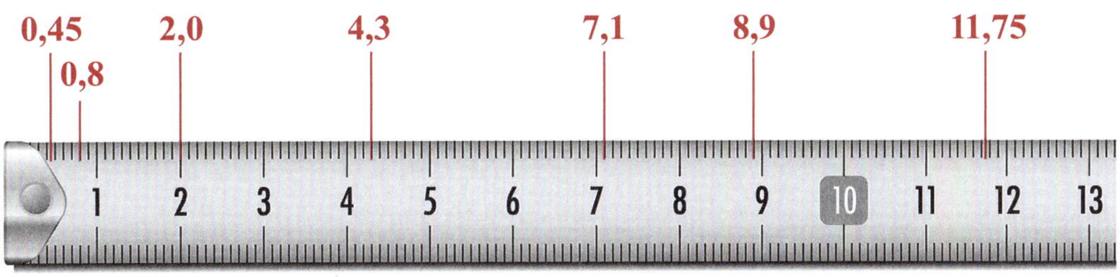

77

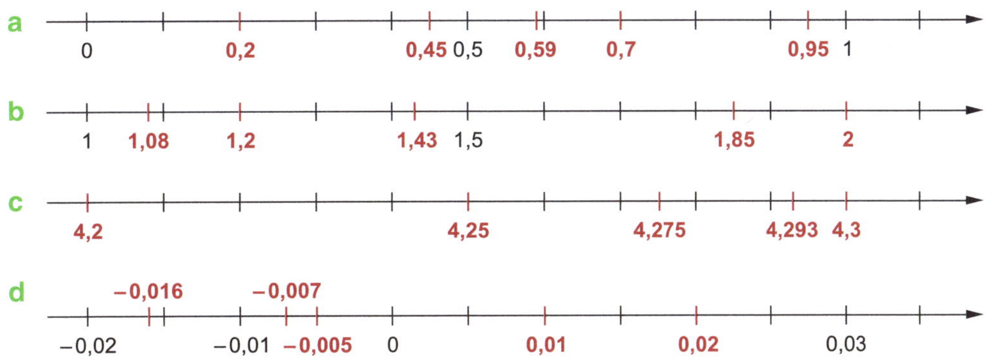

78 a $\frac{3}{10} = 0,3$ b $\frac{5}{100} = 0,05$

c $-1\frac{17}{100} = -1,17$ d $-\frac{37}{1\,000} = -0,037$

e $\frac{634}{100} = 6\frac{34}{100} = 6,34$ f $\frac{97}{10\,000} = 0,0097$

79 a $\frac{8}{25} = \frac{8 \cdot 4}{25 \cdot 4} = \frac{32}{100} = 0,32$ b $-\frac{3}{5} = -\frac{3 \cdot 2}{5 \cdot 2} = -\frac{6}{10} = -0,6$

Hast du's gewusst?

c $\frac{70}{350} = \frac{70 : 35}{350 : 35} = \frac{2}{10} = 0{,}2$

d $\frac{18}{90} = \frac{18 : 9}{90 : 9} = \frac{2}{10} = 0{,}2$

80

a $0{,}26 = \frac{26}{100} = \frac{26 : 2}{100 : 2} = \frac{13}{50} = \frac{13 \cdot 5}{50 \cdot 5} = \frac{65}{250}$

Wandle 0,26 in einen Bruch um und kürze/erweitere ihn so, dass im Zähler 65 steht.

b $0{,}035 = \frac{35}{1\,000} = \frac{35 : 5}{1\,000 : 5} = \frac{7}{200}$

Wandle 0,35 in einen Bruch um und kürze ihn so, dass im Nenner 200 steht.

c $0{,}85 = \frac{85}{100} = \frac{85 : 5}{100 : 5} = \frac{17}{20}$

Wandle 0,85 in einen Bruch um und kürze ihn so, dass im Zähler 17 steht.

d $-\frac{3}{40} = -\frac{3 \cdot 25}{40 \cdot 25} = -\frac{75}{1\,000} = -0{,}075$

Wandle $-\frac{3}{40}$ in eine Dezimalzahl um. Erweitere den Bruch dazu mit 25.

81

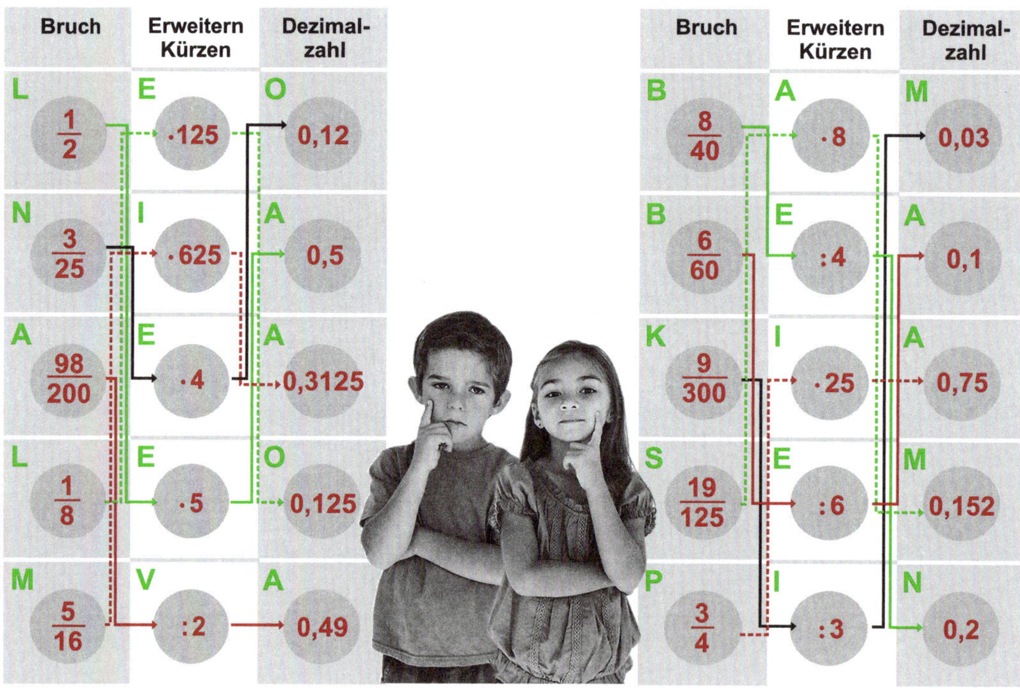

Ihre Freunde heißen:
LEA, NEO, AVA, LEO, MIA, BEN, BEA, KIM, SAM, PIA

82

a

$$
\begin{array}{l}
2 : 3 = 0{,}66\ldots \\
\underline{-18} \\
\quad 20 \\
\quad \underline{-18} \\
\qquad 2\ldots
\end{array}
$$

$\Rightarrow \frac{2}{3} = 0{,}\overline{6}$

Nach dem Komma steht unendlich oft die 6. Man schreibt hierfür $\overline{6}$.

Hast du's gewusst?

b $2:9=0{,}22\ldots$

-18

20

-18

$2\ldots$

$$\Rightarrow \frac{2}{9}=0{,}\overline{2}$$

c $5:7=0{,}7142857\ldots$

$\mathbf{-49}$

$\mathbf{10}$

-7

30

-28

20

-14

60

-56

40

-35

50

$\mathbf{-49}$

$\mathbf{10}\ldots$

$$\Rightarrow -\frac{5}{7}=-0{,}\overline{714285}$$

Bei der schriftlichen Division kannst du negative Vorzeichen weglassen. Vergiss aber nicht, sie am Ende wieder zu setzen!

d $21:11=1{,}909\ldots$

-11

$\mathbf{100}$

$\mathbf{-99}$

100

-99

$1\ldots$

$$\Rightarrow \frac{21}{11}=1{,}\overline{90}$$

Es wiederholt sich bei der schriftlichen Division zwar **nur ein Rechenschritt**, doch bei diesem muss jeweils eine zusätzliche 0 angehängt werden, weshalb die Periode aus 2 Ziffern besteht, nämlich aus 9 und 0.

e $4:3=1{,}33\ldots$

-3

10

-9

$10\ldots$

$$\Rightarrow \frac{4}{3}=1{,}\overline{3}$$

Die Periode beginnt immer erst rechts vom Komma, niemals links vom Komma.

f $6:11=0{,}545\ldots$

-55

50

-44

60

-55

$5\ldots$

$$\Rightarrow -\frac{6}{11}=-0{,}\overline{54}$$

83

Schaf 1:

$\frac{\cancel{4}^{1}}{\cancel{8}_{2}} = \frac{1}{2} = 0{,}5 = 0{,}50$

Schaf 2:

$\frac{\cancel{2}^{1}}{\cancel{12}_{6}} = \frac{1}{6}$; $\frac{\cancel{3}^{1}}{\cancel{18}_{6}} = \frac{1}{6}$; $1:6 = 0{,}16\ldots = 0{,}1\overline{6}$

$$\begin{array}{l} -6 \\ \hline \ \ 40 \\ -36 \\ \hline \ \ \ 4\ldots \end{array}$$

Schaf 3:

$\frac{\cancel{2}^{1}}{\cancel{18}_{9}} = \frac{1}{9}$; $\frac{\cancel{4}^{1}}{\cancel{36}_{9}} = \frac{1}{9}$; $1:9 = 0{,}11\ldots = 0{,}\overline{1}$

$$\begin{array}{l} -9 \\ \hline \ 10 \\ -9 \\ \hline \ \ 1\ldots \end{array}$$

84

a $23{,}9\cancel{0}\,\cancel{0}$ **b** $0{,}34\cancel{0}$

c $7{,}0005$ **d** $200{,}\,\cancel{0}$

85

a $12{,}69 > 12{,}58$ Vergleich der **Zehntel**: $6 > 5$

b $15{,}783 > 15{,}779$ Vergleich der **Hundertstel**: $8 > 7$

c $0{,}998 = 0{,}9980$ **Endnullen** ändern den Wert der Zahl nicht.

d $1{,}0004 < 1{,}04$ Vergleich der **Hundertstel**: $0 < 4$

86

27,9408	27,9407	27,09	27	27,96052	27,94089
☒ kleiner	☒ kleiner	☒ kleiner	☒ kleiner	☐ kleiner	☐ kleiner
☐ größer	☐ größer	☐ größer	☐ größer	☒ größer	☒ größer

87

a $3{,}83 < 4{,}123 < 4{,}132 < 5{,}172 < 5{,}39 < 6{,}172 < 6{,}725 < 10{,}9$

b $0{,}029 < 0{,}075 < 0{,}092 < 0{,}209 < 0{,}902$

88 a 5,65 b 0,13
c –0,015 d –12,49

89

Istanbul	12,2 °C
Moskau	0,2 °C
Rom	14,1 °C
Abu Dhabi	24,2 °C
New York	12,5 °C
Chicago	–4,4 °C
Peking	–0,9 °C
Palermo	14,8 °C
Singapur	31,2 °C
Irkutsk	–23,7 °C

am wärmsten: **Singapur**

am kältesten: **Irkutsk**

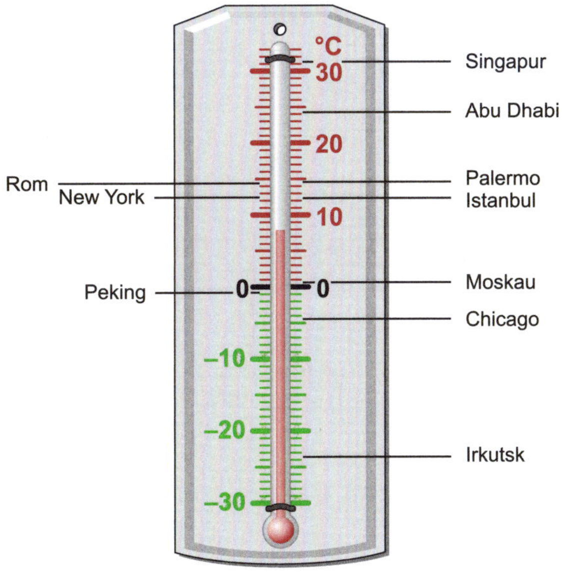

90 a kleinste Zahl: –3,54
größte Zahl: 8,245

b kleinste Zahl: –0,35
größte Zahl: 9,67

c kleinste Zahl: 6,322
größte Zahl: 6,444

d kleinste Zahl: –1,99
größte Zahl: –1,1

91 a $67,89 \approx 67,9$ ↑ b $32,555 \approx 32,6$ ↑
c $0,653 \approx 0,65$ ↓ d $1,123 \approx 1,1$ ↓

92

Geldbetrag	gerundet
3,429 €	**3,43 €**
0,09 €	**0,09 €**
112,711 €	**112,71 €**

Geldbetrag	gerundet
24,913 €	**24,91 €**
378,096 €	**378,10 €**
0,045 €	**0,05 €**

93 a **1,25** → 1,3 ← **1,34** b **8,85** → 8,9 ← **8,94**
c **0,05** → 0,1 ← **0,14** d **12,15** → 12,2 ← **12,24**

94

Der Boden hat eine Fläche von **45,8** (45,768) m².

Für die Wand braucht Herr Mosel **38,6** (38,6358) Liter Farbe.

Für das neue Regal braucht er **15,7** (15,6819) m² Holz.

Hast du's gewusst?

Test 3

1

Zahl	H	Z	E	z	h	t	zt
9,37			9	3	7		
0,032					3	2	
324,09	3	2	4	0	9		
0,0666					6	6	6

2

a $0,75 = \frac{75}{100} = \frac{3}{4}$

b $-1,7 = -1\frac{7}{10}$

c $0,029 = \frac{29}{1\,000}$

d $3,08 = 3\frac{8}{100} = 3\frac{2}{25}$

3

a z. B. $\frac{1}{2} = \frac{1 \cdot 2}{2 \cdot 2} = \frac{2}{4} = \frac{2 \cdot 2}{4 \cdot 2} = \frac{4}{8}$ sowie $\frac{1}{2} = \frac{1 \cdot 5}{2 \cdot 5} = \frac{5}{10} = 0,5$

b z. B. $0,4 = 0,40 = \frac{4}{10} = \frac{4:2}{10:2} = \frac{2}{5} = \frac{2 \cdot 3}{5 \cdot 3} = \frac{6}{15}$

c z. B. $1,7 = 1\frac{7}{10} = \frac{17}{10} = \frac{17 \cdot 2}{10 \cdot 2} = \frac{34}{20} = 1\frac{14}{20}$

d
$$\begin{array}{l} 5:6 = 0,83\ldots \\ \underline{-48} \\ \ \ 20 \\ \ \underline{-18} \\ \ \ \ 2\ldots \end{array}$$

z. B. $-\frac{5}{6} = -\frac{5 \cdot 2}{6 \cdot 2} = -\frac{10}{12} = -\frac{10 \cdot 5}{12 \cdot 5} = -\frac{50}{60} = -0,8333\ldots = -0,8\overline{3}$

4

a $\frac{6}{10} = 0,6$

b $\frac{37}{1\,000} = 0,037$

c $-\frac{3}{25} = -\frac{3 \cdot 4}{25 \cdot 4} = -\frac{12}{100} = -0,12$

d $1\frac{5}{8} = 1\frac{5 \cdot 125}{8 \cdot 125} = 1\frac{625}{1\,000} = 1,625$

e $4:11 = 0{,}363\ldots$

−33
70
−66
40
−33
7…

$\Rightarrow \quad \frac{4}{11} = 0{,}\overline{36}$

Nach dem Komma steht unendlich oft 363636 usw. Dies sieht man daran, dass sich ab einem gewissen Zeitpunkt **immer dieselben Rechenschritte** wiederholen.

Man schreibt hierfür $\overline{36}$.

f $2:7 = 0{,}2857142\ldots$

−14
60
−56
40
−35
50
−49
10
− 7
30
−28
20
−14
6…

$\Rightarrow \quad 3\frac{2}{7} = 3{,}\overline{285714}$

5

a $-0{,}0\overline{5} < -0{,}05 < 0{,}0509 < 0{,}0\overline{51} < 0{,}059$

b $-1{,}384 < -1{,}0348 < 1{,}3408 < 1{,}348 < 13{,}48$

6

Zahl	auf Zehntel gerundet	auf Einer gerundet
28,74	28,7	29
0,55	0,6	1
112,49	112,5	112
10,73	10,7	11

7

a [2,35] → 2,4 ← [2,44]

b [12,85] → 12,9 ← [12,94]

c [0,05] → 0,1 ← [0,14]

d [2,95] → 3,0 ← [3,04]

Rechnen mit Dezimalzahlen

Dichte des Metallklumpens:

$$\rho = \frac{m}{V} = \frac{32{,}4\ \text{g}}{2{,}5\ \text{cm}^3} = \mathbf{12{,}96\ \frac{g}{cm^3}}$$

m und V sind im Text gegeben.

$$\begin{array}{l} 324 : 25 = 12{,}96 \\ \underline{-25} \\ \ \ 74 \\ \underline{-50} \\ \ \ 240 \\ \underline{-225} \\ \ \ \ 150 \\ \underline{-150} \\ \ \ \ \ \ 0 \end{array}$$

gleichsinnige Kommaverschiebung

Bestünde der Klumpen aus reinem Gold, müsste seine Dichte 19,3 $\frac{g}{cm^3}$ betragen. Da die Dichte des Klumpens aber deutlich geringer ist, kann er **nicht aus reinem Gold** bestehen.

95

a
$$\begin{array}{r} 1{,}37 \\ +12{,}9\mathbf{0} \\ +\ 0{,}78 \\ {\scriptstyle 2\ 1} \\ \hline 15{,}05 \end{array}$$

b
$$\begin{array}{r} 3{,}2\mathbf{00} \\ +\ 3{,}77\mathbf{0} \\ +\ 7{,}801 \\ {\scriptstyle 1\ 1} \\ \hline 14{,}771 \end{array}$$

c
$$\begin{array}{r} 4{,}86 \\ -1{,}9\mathbf{0} \\ {\scriptstyle 1} \\ \hline 2{,}96 \end{array}$$

d
$$\begin{array}{r} 0{,}044 \\ +0{,}44\mathbf{0} \\ +4{,}4\mathbf{00} \\ +4{,}044 \\ {\scriptstyle 1} \\ \hline 8{,}928 \end{array}$$

96

a

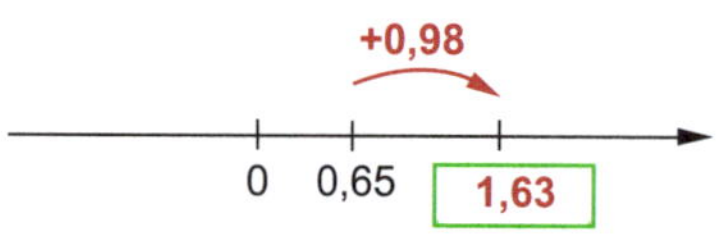

b

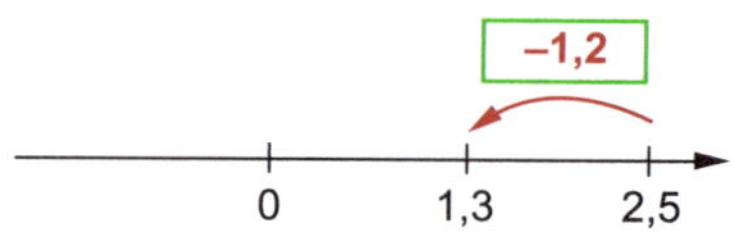

c

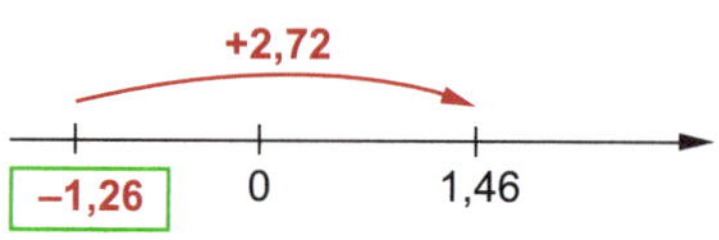

d

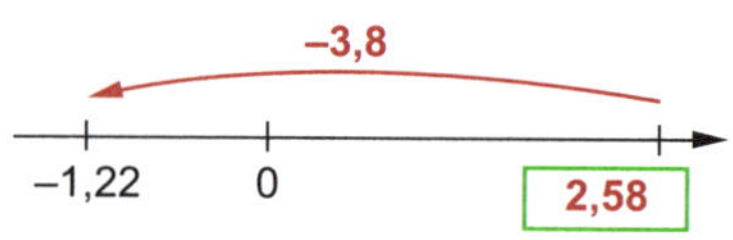

97

a
$$\begin{array}{r} 127{,}5 \\ -\ 41{,}4 \\ {\scriptstyle 1} \\ \hline 86{,}1 \end{array} \quad \rightarrow \quad \begin{array}{r} 100{,}0 \\ -\ 86{,}1 \\ {\scriptstyle 1\ 1\ 1} \\ \hline \mathbf{13{,}9} \end{array}$$

127,5 + **13,9** − 41,4 = 100

Überlege, welche Zahlen du addieren/subtrahieren musst. Gehe schrittweise vor. Ziehe von 127,5 die Zahl 41,4 ab. Wie viel musst du zu 86,1 addieren, um am Ende 100 zu erhalten? Berechne dazu die Differenz aus 100 und 86,1.

b
$$\begin{array}{r} 81{,}9 \\ -11{,}9 \\ \hline 70{,}0 \end{array} \quad \rightarrow \quad \begin{array}{r} 70{,}0 \\ -\ \ 4{,}7 \\ {\scriptstyle 1\ 1} \\ \hline \mathbf{65{,}3} \end{array}$$

81,9 − **65,3** − 11,9 = 4,7

Ziehe von 81,9 die Zahl 11,9 ab. Berechne dann, wie viel du von 70 noch abziehen musst, um am Ende 4,7 zu erhalten. Berechne dazu die Differenz aus 70 und 4,7.

c

$$\begin{array}{r} 8{,}7 \\ -3{,}6 \\ \hline 5{,}1 \end{array} \quad \longrightarrow \quad \begin{array}{r} 7{,}2 \\ +\ 5{,}1 \\ {\scriptstyle 1}\phantom{{,}1} \\ \hline \mathbf{12{,}3} \end{array}$$

12,3 – 8,7 + 3,6 = 7,2

Von der gesuchten Zahl wird auf der linken Seite 8,7 – 3,6 abgezogen, also 5,1. Von welcher Zahl musst du 5,1 abziehen, um 7,2 zu erhalten? Berechne dazu die Summe aus 5,1 und 7,2.

d

$$\begin{array}{r} 5{,}88 \\ +3{,}64 \\ {\scriptstyle 1\ \ 1} \\ \hline 9{,}52 \end{array} \quad \longrightarrow \quad \begin{array}{r} 10{,}94 \\ -\ \ 9{,}52 \\ {\scriptstyle 1}\phantom{{,}52} \\ \hline \mathbf{1{,}42} \end{array}$$

5,88 – 10,94 + 3,64 = **–1,42**

Addiere zunächst 5,88 und 3,64. Das Ergebnis ist kleiner als 10,94. Ziehe daher das Ergebnis also von 10,94 ab, aber vergiss nicht, am Ende das Minuszeichen zu setzen!

98

a

$$\begin{array}{r} 24{,}89 \\ +\ \ 31{,}7\mathbf{0} \\ +\ \ \ 0{,}58 \\ +32\mathbf{6}{,}00 \\ {\scriptstyle 1\ 2\ \ 1} \\ \hline 383{,}17 \end{array}$$

Hundertstelstelle:	9 + 8 = 17	⇒ zur 17 fehlt **0**
Zehntelstelle:	8 + 7 + 5 + 1 = 21	⇒ 1, **2 gemerkt**
Einerstelle:	4 + 1 + 2 = 7	⇒ zur 13 fehlt **6**
Zehnerstelle:	2 + 3 + 2 + 1 = 8	
Hunderterstelle:	3	

b

$$\begin{array}{r} \mathbf{1}1{,}\mathbf{3}0 \\ -\ \ 7{,}25 \\ -\ \ 0{,}02 \\ {\scriptstyle 1\ \ \ \ 1} \\ \hline 4{,}03 \end{array}$$

Hundertstelstelle:	10 – 5 – 2 = 3	⇒ 3, **1 gemerkt**
Zehntelstelle:	2 + 1 = 3	⇒ man muss von **3** abziehen, um 0 zu erhalten
Einerstelle:	11 – 7 = 4	⇒ 4, **1 gemerkt**
Zehnerstelle:	1	⇒ man muss von **1** abziehen, um 0 zu erhalten

c

$$\begin{array}{r} 5{,}803 \\ +\ \ 0{,}5\mathbf{83} \\ +\ \ 0{,}053 \\ +58{,}300 \\ {\scriptstyle 1\ 1\ \ 1} \\ \hline 6\mathbf{4}{,}739 \end{array}$$

Tausendstelstelle:	3 + 3 = 6	⇒ zur 9 fehlt **3**
Hundertstelstelle:	5	⇒ zur 13 fehlt **8**
Zehntelstelle:	8 + 5 + 3 + 1 = 17	⇒ 7, **1 gemerkt**
Einerstelle:	5 + 8 + 1 = 14	⇒ **4**, **1 gemerkt**
Zehnerstelle:	5 + 1 = 6	

d

$$\begin{array}{r} \mathbf{8}8\mathbf{8}8{,}880 \\ -\ \ 77\mathbf{7}{,}700 \\ -\ \ \ 66{,}\mathbf{666} \\ -\ \ \ \ 5{,}500 \\ {\scriptstyle 1\ 2\ 1\ \ \ \ 1} \\ \hline 8039{,}01\mathbf{4} \end{array}$$

Tausendstelstelle:	10 – 6 = 4	⇒ **4**, **1 gemerkt**
Hundertstelstelle:	8 – 6 – 1 = 1	
Zehntelstelle:	18 – 7 – 5 = 6	⇒ **6**, **1 gemerkt**
Einerstelle:	18 – 6 – 5 – 1 = 6	⇒ mit 28 anfangen
	28 – 6 – 5 – 1 = 16	⇒ man muss noch **7** abziehen, um 9 zu erhalten
Zehnerstelle:	7 + 6 + 2 = 15	⇒ man muss von **18** abziehen, um 3 zu erhalten
Hunderterstelle:	8 – 7 – 1 = 0	
Tausenderstelle:	0	⇒ man muss von **8** abziehen, um 8 zu erhalten

99

$$\begin{array}{r} 0{,}973 \\ +97{,}3\mathbf{00} \\ {\scriptstyle 1}\phantom{{,}300} \\ \hline 98{,}273 \end{array} \quad \longrightarrow \quad \begin{array}{r} 98{,}273 \\ -\ \ 3{,}82\mathbf{0} \\ {\scriptstyle 1}\phantom{{,}273} \\ \hline 94{,}453 \end{array}$$

0,973 + 97,3 – 3,82 = 94,453

100

a 90,5 + 64,42 – 21,5 – 0,42 = 90,5 – 21,5 + 64,42 – 0,42 = 69 + 64 = 133

b 12,86 + (3 – 2,77) + 2,14 = 12,86 + 2,14 + 0,23 = 15 + 0,23 = 15,23

c 13,5 – (12,96 – 7,46) = 13,5 – 5,5 = 8

d $22{,}7 - 2{,}27 + 227 - 20{,}7 = 22{,}7 - 20{,}7 + 227 - 2{,}27 = 2 + 227 - 2{,}27 = 229 - 2{,}27 = 226{,}73$

e $18{,}3 - 1{,}5 - 4{,}8 - 3{,}7 + 4{,}9 = 18{,}3 + 4{,}9 - (1{,}5 + 4{,}8 + 3{,}7) = 23{,}2 - 10 = 13{,}2$

f $26{,}4 - 0{,}72 - 9{,}2 + 11{,}73 - 4{,}12 = 26{,}4 + 11{,}73 - (0{,}72 + 9{,}2 + 4{,}12) = 38{,}13 - 14{,}04 = 24{,}09$

101

a $2{,}97153 \cdot \mathbf{100} = 297{,}153$

b $0{,}02195 \cdot \mathbf{1\,000} = 21{,}95$

c $0{,}0739 \cdot \mathbf{10} = 0{,}739$

d $0{,}00012 \cdot \mathbf{100\,000} = 12$

102

a $13{,}2 \cdot 10 = \mathbf{132}$

b $0{,}112 \cdot \mathbf{100} = 11{,}2$

c $\mathbf{0{,}001} \cdot 1\,000 = 1$

d $-0{,}05 \cdot \mathbf{(-1\,000)} = 50$

103

Bei der Multiplikation **mit 10** rückt das Komma **1 Stelle nach rechts**.
Die Rechnung $0{,}1 \cdot 10 = 1$ kann man aber auch anders deuten:
Bei der Multiplikation **mit 0,1** rückt das Komma **1 Stelle nach links**.
Entsprechend rückt bei der Multiplikation **mit 0,01** das Komma **2 Stellen nach links**.

Dies hat Cindy bei ihren Rechnungen angewendet:

$31{,}45 \cdot 0{,}1 = 3{,}145$

$5{,}23 \cdot 0{,}01 = 0{,}0523$

104

a $0{,}8 \cdot 30 = 24{,}0 = 24$

b $1{,}7 \cdot (-50) = -85{,}0 = -85$

c $0{,}25 \cdot 200 = 50{,}00 = 50$

d $2 \cdot 0{,}18 = 0{,}36$

e $0{,}11 \cdot 800 = 88{,}00 = 88$

f $-12{,}5 \cdot 20 = -250{,}0 = -250$

g $-0{,}5 \cdot (-0{,}5) = 0{,}25$

h $3{,}2 \cdot 0{,}2 = 0{,}64$

105

a
```
724 · 129
---------
  724
  1448
    6516
  11
---------
  93396
```

$72{,}\mathbf{4} \cdot 12{,}\mathbf{9} = 933{,}\mathbf{36}$

1 Dezimale + **1** Dezimale ergibt **2** Dezimalen.

b
```
42 · 137
--------
  42
  126
    294
    1
--------
  5754
```

$0{,}\mathbf{42} \cdot 1{,}\mathbf{37} = 0{,}\mathbf{5754}$

2 Dezimalen + **2** Dezimalen ergibt **4** Dezimalen.

c
```
999 · 777
 6993
   6993
     6993
 1 2 2 1
 776223
```

$-99{,}\mathbf{9} \cdot 7{,}\mathbf{77} = -776{,}223$ — **1** Dezimale + **2** Dezimalen ergibt 3 Dezimalen. – mal + ergibt –.

d
```
24 · 31
   72
     24
   744
```

$0{,}\mathbf{024} \cdot 0{,}\mathbf{031} = 0{,}000744$ — **3** Dezimalen + **3** Dezimalen ergibt 6 Dezimalen.

e
```
279 · 42
 1116
    558
    1
 11718
```

$27{,}\mathbf{9} \cdot (-0{,}\mathbf{42}) = -11{,}718$ — **1** Dezimale + **2** Dezimalen ergibt 3 Dezimalen. + mal – ergibt –.

f
```
333 · 444
 1332
   1332
     1332
 147852
```

$33{,}\mathbf{3} \cdot 0{,}\mathbf{444} = 14{,}7852$ — **1** Dezimale + **3** Dezimalen ergibt 4 Dezimalen.

g $25 \cdot 12 = 300$

$2{,}\mathbf{5} \cdot 1{,}\mathbf{2} = 3{,}00 = 3$ — **1** Dezimale + **1** Dezimale ergibt 2 Dezimalen.

$3 \cdot 75 = 225$

$3 \cdot 0{,}\mathbf{75} = 2{,}25$ — **0** Dezimalen + **2** Dezimalen ergibt 2 Dezimalen.

$2{,}5 \cdot 1{,}2 \cdot 0{,}75 = 2{,}25$

h
```
172 · 85
 1376
    860
  1 1
 14620
```

$1{,}\mathbf{72} \cdot 0{,}\mathbf{85} = 1{,}4620$ — **2** Dezimalen + **2** Dezimalen ergibt 4 Dezimalen.

```
1462 · 13
    1462
     4386
     1 1
    19006
```

$1{,}\mathbf{462} \cdot 13 = 19{,}006$ — **3** Dezimalen + **0** Dezimalen ergibt 3 Dezimalen.

$1{,}72 \cdot (-0{,}85) \cdot 13 = -19{,}006$ — + mal + mal – ergibt –.

Hast du's gewusst?

106

$$\begin{array}{r} 43 \cdot 26 \\ \hline 86 \\ 258 \\ {\scriptstyle 11} \\ \hline 1118 \end{array}$$

$A = 4{,}\mathbf{3}\ cm \cdot 2{,}\mathbf{6}\ cm = 11{,}\mathbf{18}\ cm^2$ — **1** Dezimale + **1** Dezimale ergibt **2** Dezimalen.

Das Rechteck ist 11,18 cm^2 groß.

107

$1\,852 \cdot 60 = 111\,120 \Rightarrow 60 \cdot 1{,}852\ km = 111{,}120\ km$

$$\begin{array}{r} 1852 \cdot 185 \\ \hline 1852 \\ 14816 \\ 9260 \\ {\scriptstyle 12\ \ 1\ \ } \\ \hline 342620 \end{array} \Rightarrow 18{,}5 \cdot 1{,}852\ km = 34{,}2620\ km$$

60 Seemeilen sind 111,12 km und 18,5 Seemeilen sind 34,262 km.

108

a $0{,}3 \cdot 120 = 3 \cdot 12 = 36$

b $3{,}3 \cdot 20 = 33 \cdot 2 = 66$

c $0{,}08 \cdot 250 = 8 \cdot 2{,}5 = 20$

d $85 \cdot (-0{,}2) = 8{,}5 \cdot (-2) = -17$

109

Zahl	Division			
	durch 10	durch 100	durch 1 000	durch 10 000
234,5	23,45	2,345	0,2345	0,02345
1 111,11	111,111	11,1111	1,11111	0,111111
8,34	0,834	0,0834	0,00834	0,000834

110

$3\,241{,}5 : 1\,000 = 3{,}2415$ — Kommaverschiebung um 3 nach links

$32{,}415 : 10 = 3{,}2415$ — Kommaverschiebung um 1 nach links

Die Aussage ist richtig, die Ergebnisse sind gleich.

111

a $-5{,}7 : 10 = \mathbf{-0{,}57}$

b $1{,}56 : (\mathbf{-100}) = -0{,}0156$

c $\mathbf{-2\,200} : 100 = -22$

d $-98{,}3 : (\mathbf{-10}) = 9{,}83$

112

$$\begin{array}{l} 5{,}37 : 3 = 1{,}79 \\ \underline{-3} \\ \ \ 23 \\ \underline{-21} \\ \ \ \ \ 27 \\ \ \ \underline{-27} \\ \ \ \ \ \ 0 \end{array}$$

$\Rightarrow$ 1 Flasche Orangensaft kostet 1,79 €.

Hast du's gewusst?

$$\begin{array}{l} 3{,}56 : 4 = 0{,}89 \\ \underline{-32} \\ \quad 36 \\ \quad \underline{-36} \\ \qquad 0 \end{array}$$

$\Rightarrow$ 1 Stange Porree kostet 0,89 €.

$$\begin{array}{l} 0{,}48 : 6 = 0{,}08 \\ \underline{-48} \\ \quad 0 \end{array}$$

$\Rightarrow$ 1 Ei kostet 0,08 €.

$$\begin{array}{l} 6{,}80 : 8 = 0{,}85 \\ \underline{-64} \\ \quad 40 \\ \underline{\quad -40} \\ \qquad 0 \end{array}$$

$\Rightarrow$ 1 Muffin kostet 0,85 €.

113

a

$$\begin{array}{l} 56{,}7 : 9 = 6{,}3 \\ \underline{-54} \\ \quad 27 \\ \quad \underline{-27} \\ \qquad 0 \end{array}$$

b

$$\begin{array}{l} 12{,}3 : 6 = 2{,}05 \\ \underline{-12} \\ \quad 030 \\ \quad \underline{-30} \\ \qquad 0 \end{array}$$

c

$$\begin{array}{l} 62{,}59 : 11 = 5{,}69 \\ \underline{-55} \\ \quad 75 \\ \underline{\quad -66} \\ \qquad 99 \\ \qquad \underline{-99} \\ \qquad\quad 0 \end{array}$$

d

$$\begin{array}{l} 2{,}247 : 7 = 0{,}321 \\ \underline{-21} \\ \quad 14 \\ \quad \underline{-14} \\ \qquad 07 \\ \qquad \underline{-7} \\ \qquad\quad 0 \end{array}$$

Führe die schriftliche Division ohne Minuszeichen durch. Überlege zu Beginn, welches Vorzeichen das Ergebnis haben muss.

$-2{,}247 : 7 = -0{,}321$

– geteilt durch + ergibt –.

e

$$\begin{array}{l} 45{,}36 : 8 = 5{,}67 \\ \underline{-40} \\ \quad 53 \\ \underline{\quad -48} \\ \qquad 56 \\ \qquad \underline{-56} \\ \qquad\quad 0 \end{array}$$

$45{,}36 : (-8) = -5{,}67$

+ geteilt durch – ergibt –.

f
$$\begin{array}{l} 19{,}5 : 3 = 6{,}5 \\ \underline{-18} \\ \;\;15 \\ \underline{-15} \\ \;\;\;0 \end{array}$$

$(-19{,}5) : (-3) = 6{,}5$ – geteilt durch – ergibt +.

114
$$\begin{array}{l} 134{,}4 : 15 = 8{,}96 \\ \underline{-120} \\ \;\;144 \\ \underline{-135} \\ \;\;\;\;90 \\ \;\;\underline{-90} \\ \;\;\;\;\;0 \end{array}$$

Noah muss den Eimer 9-mal füllen.

115 **a**
$$\begin{array}{l} 14{,}4 : 36 = 0{,}4 \\ \underline{-144} \\ \;\;\;0 \end{array}$$

Kommaverschiebung um **1 Stelle nach rechts**

$1{,}44 : 3{,}6 = 0{,}4$

b
$$\begin{array}{l} 34{,}5 : 15 = 2{,}3 \\ \underline{-30} \\ \;\;45 \\ \underline{-45} \\ \;\;\;0 \end{array}$$

Kommaverschiebung um **1 Stelle nach rechts**

$3{,}45 : 1{,}5 = 2{,}3$

c
$$\begin{array}{l} 4800 : 16 = 300 \\ \underline{-48} \\ \;\;0 \end{array}$$

Kommaverschiebung um **3 Stellen nach rechts**

$4{,}8 : 0{,}016 = 300$

d
$$\begin{array}{l} 381{,}6 : 24 = 15{,}9 \\ \underline{-24} \\ \;141 \\ \underline{-120} \\ \;\;\;216 \\ \;\underline{-216} \\ \;\;\;\;\;0 \end{array}$$

Kommaverschiebung um **2 Stellen nach rechts**

$3{,}816 : 0{,}24 = 15{,}9$

e
$$\begin{array}{l} 74{,}8 : 34 = 2{,}2 \\ \underline{-68} \\ \;\;68 \\ \underline{-68} \\ \;\;\;0 \end{array}$$

Kommaverschiebung um **1 Stelle nach rechts**

$7{,}48 : 3{,}4 = 2{,}2$

f $735:12=61,25$ — Kommaverschiebung um **2 Stellen nach rechts**

-72
15
-12
30
-24
60
-60
0

$7,35:0,12=61,25$

116

a $2,6:3=0,866\ldots$ — Kommaverschiebung um **1 Stelle nach rechts**

-24
20
-18
$2\ldots$

$0,26:0,3=0,8\overline{6}$

b $175:6=29,166\ldots$ — Kommaverschiebung um **2 Stellen nach rechts**

-12
55
-54
10
-6
40
-36
$4\ldots$

$-1,75:0,06=-29,1\overline{6}$ — – geteilt durch + ergibt –.

c $324:11=29,454\ldots$ — Kommaverschiebung um **2 Stellen nach rechts**

-22
104
-99
50
-44
60
-55
$5\ldots$

$3,24:(-0,11)=-29,\overline{45}$ — + geteilt durch – ergibt –.

d $3,88:54=0,07185$ — Kommaverschiebung um **1 Stelle nach rechts**

-378
100
-54
460
-432
280
-270
$100\ldots$

$0,388:5,4=0,07\overline{185}$

117 Bei beiden Angeboten wird ermittelt, was 1 kg kostet.

(1) 750 g = 0,75 kg

$1{,}83 : 0{,}75 = 183 : 75 = 2{,}44$ Kommaverschiebung um **2 Stellen nach rechts**

$$\begin{array}{l} 183 : 75 = 2{,}44 \\ \underline{-150} \\ \quad 330 \\ \quad \underline{-300} \\ \quad\quad 300 \\ \quad\quad \underline{-300} \\ \quad\quad\quad 0 \end{array}$$

1 kg kostet also 2,44 €.

(2) 2 kg kosten 5,04 €. 1 kg kostet die Hälfte, also 5,04 € : 2 = 2,52 €.

Angebot (1) ist günstiger.

118

a $4{,}6 \cdot 1{,}4 + 4{,}6 \cdot 0{,}6 = 4{,}6 \cdot (1{,}4 + 0{,}6) = 4{,}6 \cdot 2 = 9{,}2$

b $0{,}8 \cdot 3{,}3 - 0{,}8 \cdot 0{,}8 = 0{,}8 \cdot (3{,}3 - 0{,}8) = 0{,}8 \cdot 2{,}5 = 2$

c $10 \cdot 2{,}1 + 8{,}9 = 21 + 8{,}9 = 29{,}9$

d $2{,}5 \cdot 0{,}8 \cdot 0{,}4 = (2{,}5 \cdot 0{,}4) \cdot 0{,}8 = (0{,}25 \cdot 4) \cdot 0{,}8 = 1 \cdot 0{,}8 = 0{,}8$

e $0{,}5 \cdot 2{,}8 \cdot 0{,}2 = (0{,}5 \cdot 0{,}2) \cdot 2{,}8 = 0{,}1 \cdot 2{,}8 = 0{,}28$

f $0{,}24 : 0{,}03 - 9 = 24 : 3 - 9 = 8 - 9 = -1$

119

a $(0{,}25 \cdot 21{,}4) + 3{,}8 = 5{,}35 + 3{,}8 = 9{,}15$

$$\begin{array}{r} \underline{214 \cdot 25} \\ 428 \\ 1070 \\ \underline{\scriptstyle 1} \\ 5350 \end{array}$$

b $(7{,}2 : 0{,}8) - 1{,}9 = (72 : 8) - 1{,}9 = 9 - 1{,}9 = 7{,}1$

120

a Gegeben: $\ell = 12{,}4$ m Notiere, was gegeben und was gesucht ist.
b = 31,7 m
1 Packung reicht für 10 m^2

Gesucht: Rasenfläche A, Anzahl der Samenpackungen

$A = \ell \cdot b = 12{,}4\text{ m} \cdot 31{,}7\text{ m} = 393{,}08\text{ m}^2$

$$\begin{array}{r} \underline{124 \cdot 317} \\ 372 \\ 124 \\ 868 \\ \underline{\scriptstyle 11} \\ 39308 \end{array}$$

$393{,}08\text{ m}^2 : 10\text{ m}^2 = 39{,}308$

Es werden 40 Packungen Rasensamen benötigt.

b Gegeben: $\ell = 425$ m
$a = 12{,}5$ m

Gesucht: Anzahl Bäume

Skizze:

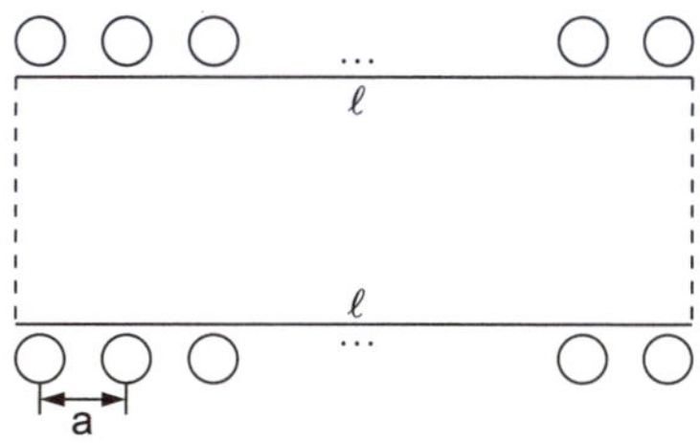

1 Straßenseite: $425 \text{ m} : 12{,}5 \text{ m} = 34$

$4250 : 125 = 34$
-375
500
-500
0

34 Zwischenräume $\Rightarrow$ 35 Bäume

Beide Straßenseiten: $2 \cdot 35 = 70$

Es werden 70 Bäume benötigt.

c Gegeben: $b = 6{,}3$ m
$\ell = 235$ m
15,80 € Kosten pro 1 m^2

Gesucht: Gesamtkosten K

$A = b \cdot \ell = 6{,}3 \text{ m} \cdot 235 \text{ m} = 1\,480{,}5 \text{ m}^2$

$235 \cdot 63$
1410
705
14805

$K = 1\,480{,}5 \cdot 15{,}80 \text{ €} = 23\,391{,}90 \text{ €}$

$14805 \cdot 158$
14805
74025
118440
$11\ \ 1$
2339190

Das Budget von 25 000 € würde reichen.

Test 4

1

a $1{,}07 + 0{,}42 = 1{,}49$

b $11{,}8 + 9{,}7 = 21{,}5$

c $3{,}4 - 1{,}2 = 2{,}2$

d $0{,}3 - 1{,}7 = -1{,}4$

e $14{,}723 \cdot 0{,}1 = 1{,}4723$

f $2{,}4 : 0{,}1 = 24$

g $-12 \cdot 0{,}7 = -8{,}4$

h $0{,}96 : 0{,}3 = 3{,}2$

i $0{,}4 \cdot 110 = 4 \cdot 11 = 44$

j $0{,}08 \cdot (-250) = 8 \cdot (-2{,}5) = -20$

2

a

$$\begin{array}{r} 3{,}42\mathbf{0} \\ 19{,}6\mathbf{00} \\ +108{,}312 \\ {\scriptstyle 21} \\ \hline 131{,}332 \end{array}$$

Füge **Endnullen** an und achte auf den **Übertrag**.

b

$$\begin{array}{r} 666{,}66\mathbf{0} \\ -\ 66{,}6\mathbf{00} \\ -\ 0{,}666 \\ {\scriptstyle 111\ 11} \\ \hline 599{,}394 \end{array}$$

c

$$\begin{array}{r} 19{,}3\mathbf{0} \\ -\ 8{,}64 \\ {\scriptstyle 1\ 1} \\ \hline 10{,}66 \end{array} \qquad \begin{array}{r} 111{,}1\mathbf{0} \\ -\ 10{,}66 \\ {\scriptstyle 1\ 1} \\ \hline 100{,}44 \end{array}$$

$111{,}1 - (19{,}3 - 8{,}64) = 100{,}44$

d

$$\begin{array}{r} 18{,}34 \\ +\ 0{,}8\mathbf{0} \\ {\scriptstyle 1} \\ \hline 19{,}14 \end{array} \qquad \begin{array}{r} 9{,}96 \\ +12{,}5\mathbf{0} \\ {\scriptstyle 1\ 1} \\ \hline 22{,}46 \end{array} \qquad \begin{array}{r} 22{,}46 \\ -19{,}14 \\ {\scriptstyle 1} \\ \hline 3{,}32 \end{array}$$

$18{,}34 - 9{,}96 - 12{,}5 + 0{,}8 = -3{,}32$

Das Ergebnis ist negativ, da $22{,}46 > 19{,}14$.

3

Zahl	Multiplikation		Division	
	mit 100	mit 1 000	durch 100	durch 1 000
48,9	4 890	48 900	0,489	0,0489
–2,73	–273	–2 730	–0,0273	–0,00273
0,082	8,2	82	0,00082	0,000082

4

a

$$\begin{array}{r} 175 \cdot 39 \\ \hline 525 \\ 1575 \\ {\scriptstyle 1} \\ \hline 6825 \end{array}$$

$-17{,}\mathbf{5} \cdot 0{,}\mathbf{39} = -6{,}825$

1 Dezimale + **2** Dezimalen ergibt **3** Dezimalen. – mal + ergibt –.

b $\begin{array}{r} 708 \cdot 152 \\ \hline 708 \\ 3540 \\ 1416 \\ 1\ 1 \\ \hline 107616 \end{array}$

$-7{,}\mathbf{08} \cdot 1{,}\mathbf{52} = -10{,}7616$ — **2** Dezimalen + **2** Dezimalen ergibt 4 Dezimalen. – mal + ergibt –.

c $0{,}486 : 6 = 0{,}081$

$\begin{array}{r} -48 \\ \hline 6 \\ -6 \\ \hline 0 \end{array}$

$0{,}486 : (-6) = -0{,}081$ — + geteilt durch – ergibt –.

d $52{,}4 : 11 = 4{,}7\overline{63}$ — Rechenschritte **wiederholen** sich ⇒ periodische Dezimalzahl

$\begin{array}{r} -44 \\ \hline 84 \\ -77 \\ \hline \mathbf{70} \\ -66 \\ \hline 40 \\ -33 \\ \hline \mathbf{70}\ldots \end{array}$

e $288 : 16 = 18$ — Kommaverschiebung um **2 Stellen nach rechts**

$\begin{array}{r} -16 \\ \hline 128 \\ -128 \\ \hline 0 \end{array}$

$2{,}88 : 0{,}16 = 18$

f $5648{,}6 : 9 = 627{,}6\overline{2}$ — Kommaverschiebung um **2 Stellen nach rechts**

$\begin{array}{r} -54 \\ \hline 24 \\ -18 \\ \hline 68 \\ -63 \\ \hline 56 \\ -54 \\ \hline \mathbf{20} \\ -18 \\ \hline \mathbf{20}\ldots \end{array}$

$-56{,}486 : 0{,}09 = -627{,}6\overline{2}$ — – geteilt durch + ergibt –.

5 **a** Gegeben: $\ell = 17{,}22$ m — Notiere, was gegeben und was gesucht ist.

$b = 12{,}30$ m

Gesucht: Fläche A

$A = \ell \cdot b = 17{,}22\ m \cdot 12{,}3\ m = 211{,}806\ m^2 \approx 212\ m^2$ Bei 8 wird aufgerundet.

```
1722 · 123
 1722
   3444
     5166
  11  1
 211806
```

Die Fläche ist etwa 212 m^2 groß.

b Gegeben: Länge eines Zaunfelds 2,46 m

Gesucht: Anzahl der Zaunfelder; Anzahl der Pfähle

Anzahl der Zaunfelder pro Grundstücks**länge**:

12,30 m : 2,46 m = 5 → **5 Zaunfelder**

```
 1230 : 246 = 5
-1230
    0
```

Kommaverschiebung **2 Stellen nach rechts**

Anzahl der Zaunfelder pro Grundstücks**breite**:

17,22 m : 2,46 m = 7 → **7 Zaunfelder**

```
 1722 : 246 = 7
-1722
    0
```

Kommaverschiebung **2 Stellen nach rechts**

Zaunfelder insgesamt:

$2 \cdot 5 + 2 \cdot 7 = 24$

Pfähle:

4 (Ecken) + 2 · 4 (schmale Seite) + 2 · 6 (lange Seite) = 4 + 8 + 12 = 24

Es werden zur Einzäunung 24 Pfähle und 24 Zaunfelder benötigt.

Prozentzahlen und vermischtes Rechnen

a Zähler
b Zehntel
c Kommutativgesetz
d Erweitern
e Gleichnamig
f Nenner
g Dezimalzahl
h Assoziativgesetz
i Hauptnenner
j Kürzen

121 Insgesamt gehen $12 + 18 = 30$ Schüler in die Klasse.

Jungen: $\frac{18}{30} = \frac{6}{10} = \frac{60}{100} = 0{,}60 = 60\ \%$

122 a $0{,}23 = \frac{23}{100} = 23\ \%$

b $0{,}05 = \frac{5}{100} = 5\ \%$

c $\frac{1}{5} = \frac{20}{100} = 20\ \%$

d $\frac{24}{25} = \frac{96}{100} = 96\ \%$

123 a $3\ \% = 0{,}03 = \frac{3}{100}$

b $12\ \% = 0{,}12 = \frac{12}{100} = \frac{3}{25}$

c $0{,}2\ \% = 0{,}002 = \frac{2}{1\,000} = \frac{1}{500}$

d $6{,}5\ \% = 0{,}065 = \frac{65}{1\,000} = \frac{13}{200}$

Gehe rückwärts vor:
- Verschiebe das Komma 2 Stellen nach links.
- Wandle die Dezimalzahl in einen Bruch um.
- Kürze so weit wie möglich.

124 Gesamt: 25 Schüler

Italien: $\frac{4}{25} = \frac{16}{100} = 16\ \%$

Türkei: $\frac{2}{25} = \frac{8}{100} = 8\ \%$

Italien nimmt 16 % und die Türkei 8 % des Kreisdiagramms ein.

125 a Pestalozzi-Gymnasium:

$620 \cdot \frac{1}{5} = \frac{620}{5} = 124$

Schiller-Gymnasium:

$725 \cdot 16\ \% = 725 \cdot \frac{16}{100} = \frac{725 \cdot \cancel{16}^{4}}{\cancel{100}_{25}} = \frac{\cancel{725}^{29} \cdot 4}{\cancel{25}_{1}} = 29 \cdot 4 = 116$

Am Pestalozzi-Gymnasium nahmen mehr Schüler als am Schiller-Gymnasium teil.

b $\frac{1}{5} = \frac{20}{100} = 20\ \%$

Mit 20 % war am Pestalozzi-Gymnasium auch der Anteil größer.

126 Gegeben: $b = 1\ m$

$h = \frac{1}{2}\ m = 0{,}5\ m$

$t = 80\ cm = 0{,}8\ m$

Füllung zu 60 %

Gesucht: Wasservolumen

Aquarium:
$V = b \cdot h \cdot t = 1\ m \cdot 0{,}5\ m \cdot 0{,}8\ m = 0{,}4\ m^3$

Füllmenge 60 %:
$0{,}4\ m^3 \cdot 60\ \% = 0{,}4\ m^3 \cdot 0{,}6 = 0{,}24\ m^3 = 240\ dm^3 \mathrel{\hat{=}} 240\ \ell$

Das Aquarium ist mit 240 Litern Wasser gefüllt.

127 a $\frac{7}{9} = 0{,}\overline{7}$

b $\frac{13}{99} = 0{,}\overline{13}$

c $\frac{8}{99} = 0{,}\overline{08}$

d $\frac{123}{99} = 1\frac{24}{99} = 1{,}\overline{24}$

e $\frac{143}{999} = 0{,}\overline{143}$

f $\frac{265}{999} = 0{,}\overline{265}$

128 a $0{,}\overline{3} \cdot \frac{9}{4} = \frac{3}{9} \cdot \frac{9}{4} = \frac{3 \cdot \cancel{9}^{1}}{\cancel{9}_{1} \cdot 4} = \frac{3}{4}$

b $\frac{3}{2} \cdot 0{,}75 \cdot \frac{8}{9} = \frac{3}{2} \cdot \frac{3}{4} \cdot \frac{8}{9} = \frac{\cancel{9}^{1}}{\cancel{8}_{1}} \cdot \frac{\cancel{8}^{1}}{\cancel{9}_{1}} = 1$

c $12 \cdot \frac{3}{4} + 0{,}5 \cdot 3{,}6 = \frac{\cancel{12}^{3} \cdot 3}{\cancel{4}_{1}} + 1{,}8 = 9 + 1{,}8 = 10{,}8$

d $25\ \% + \frac{3}{8} + \frac{1}{2} - 20\ \% = 25\ \% - 20\ \% + \frac{3}{8} + \frac{1}{2} = 5\ \% + \frac{3}{8} + \frac{4}{8} = 5\ \% + \frac{7}{8} = 0{,}05 + 0{,}875 = 0{,}925$

e $3\frac{1}{2}\cdot 0,6-4,2:\frac{3}{4}=\frac{7}{\cancel{2}_1}\cdot\frac{\cancel{6}^3}{10}-\frac{\cancel{42}^{14}}{\cancel{10}_5}\cdot\frac{\cancel{4}^2}{\cancel{3}_1}=\frac{21}{10}-\frac{28}{5}=\frac{21-56}{10}=-\frac{35}{10}=-3,5$

f $\frac{5}{6}-\left(\frac{7}{9}+12\,\%\right)=\frac{5}{6}-\left(\frac{7}{9}+\frac{12}{100}\right)=\frac{5}{6}-\left(\frac{700+108}{900}\right)=\frac{5}{6}-\frac{808}{900}=\frac{750}{900}-\frac{808}{900}=-\frac{58}{900}=-\frac{29}{450}$

129

a	b	c	a · b · c	(a + b) · c	a : (b : c)
$\frac{1}{2}$	25 %	$\frac{1}{6}$	❶ $\frac{1}{48}$	❷ $\frac{1}{8}$	❸ $\frac{1}{3}$
0,2	150 %	$\frac{4}{5}$	❹ $\frac{6}{25}$	❺ $\frac{34}{25}$	❻ $\frac{8}{75}$
$-\frac{3}{5}$	0,25	$\frac{1}{10}$	❼ $-\frac{3}{200}$	❽ −0,035	❾ −0,24
$\frac{3}{4}$	$\frac{1}{5}$	10 %	❿ $\frac{3}{200}$	⓫ $\frac{19}{200}$	⓬ $\frac{3}{8}$

❶ $\frac{1}{2}\cdot 25\,\%\cdot\frac{1}{6}=\frac{1}{2}\cdot\frac{1}{4}\cdot\frac{1}{6}=\frac{1}{48}$

❷ $\left(\frac{1}{2}+25\,\%\right)\cdot\frac{1}{6}=\left(\frac{1}{2}+\frac{1}{4}\right)\cdot\frac{1}{6}=\frac{\cancel{3}^1}{4}\cdot\frac{1}{\cancel{6}_2}=\frac{1}{8}$

❸ $\frac{1}{2}:\left(25\,\%:\frac{1}{6}\right)=\frac{1}{2}:\left(\frac{1}{\cancel{4}_2}\cdot\frac{\cancel{6}^3}{1}\right)=\frac{1}{2}:\frac{3}{2}=\frac{1}{\cancel{2}_1}\cdot\frac{\cancel{2}^1}{3}=\frac{1}{3}$

❹ $0,2\cdot 150\,\%\cdot\frac{4}{5}=\frac{\cancel{2}^1}{\cancel{10}_5}\cdot\frac{\cancel{15}^3}{\cancel{10}_2}\cdot\frac{\cancel{8}^4}{\cancel{10}_5}=\frac{12}{50}=\frac{6}{25}$

❺ $(0,2+150\,\%)\cdot\frac{4}{5}=\left(\frac{2}{10}+\frac{15}{10}\right)\cdot\frac{4}{5}=\frac{17}{\cancel{10}_5}\cdot\frac{\cancel{4}^2}{5}=\frac{34}{25}$

❻ $0,2:\left(150\,\%:\frac{4}{5}\right)=\frac{1}{5}:\left(\frac{15}{\cancel{10}_2}\cdot\frac{\cancel{5}^1}{4}\right)=\frac{1}{5}:\frac{15}{8}=\frac{1}{5}\cdot\frac{8}{15}=\frac{8}{75}$

❼ $-\frac{3}{5}\cdot 0,25\cdot\frac{1}{10}=-\frac{3}{5}\cdot\frac{1}{4}\cdot\frac{1}{10}=-\frac{3}{200}$

❽ $\left(-\frac{3}{5}+0,25\right)\cdot\frac{1}{10}=(-0,6+0,25)\cdot 0,1=-0,35\cdot 0,1=-0,035$

❾ $-\frac{3}{5}:\left(0,25:\frac{1}{10}\right)=-0,6:(0,25:0,1)=-0,6:2,5=-6:25=-0,24$

⑩ $\frac{3}{4}\cdot\frac{1}{5}\cdot 10\,\% = \frac{3}{4}\cdot\frac{1}{5}\cdot\frac{1}{10} = \frac{3}{200}$

⑪ $\left(\frac{3}{4}+\frac{1}{5}\right)\cdot 10\,\% = \left(\frac{15}{20}+\frac{4}{20}\right)\cdot\frac{1}{10} = \frac{19}{20}\cdot\frac{1}{10} = \frac{19}{200}$

⑫ $\frac{3}{4}:\left(\frac{1}{5}:10\,\%\right) = \frac{3}{4}:\left(\frac{1}{5}:\frac{1}{10}\right) = \frac{3}{4}:\left(\frac{1}{\not{5}_1}\cdot\frac{\not{10}^2}{1}\right) = \frac{3}{4}\cdot\frac{1}{2} = \frac{3}{8}$

130 Note 1: $\frac{1}{4}$

Note 2: **6** Schüler

Note 3: $\frac{2}{7}$

Note 4: $25\,\% = \frac{1}{4}$

Noten 5/6: –

Anteil der Noten 1, 3 und 4 insgesamt:

$\frac{1}{4}+\frac{2}{7}+\frac{1}{4} = \frac{7+8+7}{28} = \frac{22}{28}$

Für Note 2 bleibt der Anteil:

$1-\frac{22}{28} = \frac{6}{28}$

Da **6** Schüler die Note 2 haben, müssen 28 Schüler in der Klasse sein.

28 Schüler haben den Test mitgeschrieben, also:

$\frac{1}{4}$ von $28 = \frac{1}{4}\cdot 28 = 7$

$\frac{2}{7}$ von $28 = \frac{2}{7}\cdot 28 = 8$

Notenspiegel:

Note	1	2	3	4	5	6
Anzahl	7	6	8	7	–	–

131 $\frac{16}{64} = \frac{16:16}{64:16} = \frac{1}{4} = 25\,\%$

$\frac{26}{65} = \frac{26:13}{65:13} = \frac{2}{5} = 40\,\%$

In beiden Beispielen von Marcus stimmen die Ergebnisse mit den Ergebnissen des „richtigen Kürzens“ überein, doch Marcus’ Vorgehensweise ist dennoch nicht korrekt. Man findet leicht Gegenbeispiele:

$\frac{1\not{6}}{\not{6}3} \neq \frac{1}{3}$ oder $\frac{1\not{8}}{2\not{8}} \neq \frac{1}{2}$

Test 5

1

Bruch	Dezimalzahl	Prozent
❶ $\frac{3}{4}$	0,75	**75 %**
❷ $\frac{3}{5}$	**0,6**	60 %
$\frac{3}{8}$	❸ **0,375**	**37,5 %**
❹ $\frac{8}{125}$	0,064	6,4 %

❶ $0,75 = \frac{75}{100} = \frac{3}{4}$

❷ $0,6 = \frac{60}{100} = \frac{3}{5}$

❸ $\frac{3}{8} = \frac{3 \cdot 125}{8 \cdot 125} = \frac{375}{1\,000} = 0,375$

❹ $0,064 = \frac{64}{1\,000} = \frac{8}{125}$

2

Schüler insgesamt:
$3 + 12 + 9 + 3 + 2 + 1 = 30$

Umwandlung in Prozent:

$\frac{3}{30} = \frac{1}{10} = \frac{10}{100} = 10\,\%$

$\frac{12}{30} = \frac{4}{10} = \frac{40}{100} = 40\,\%$

$\frac{9}{30} = \frac{3}{10} = \frac{30}{100} = 30\,\%$

$\frac{2}{30} = 2 : 30 = 0,0\overline{6} = 6,\overline{6}\,\%$

$$\begin{array}{l} 2 : 30 = 0,066\ldots \\ \underline{-180} \\ \quad 200 \\ \quad \underline{-180} \\ \quad\quad 20\ldots \end{array}$$

$\frac{1}{30} = 0,0\overline{3} = 3,\overline{3}\,\%$

$$\begin{array}{l} 1 : 30 = 0,033\ldots \\ \underline{-90} \\ \quad 100 \\ \quad \underline{-90} \\ \quad\quad 10\ldots \end{array}$$

Note	1	2	3	4	5	6
Anzahl	3	12	9	3	2	1
in %	10 %	40 %	30 %	10 %	$6,\overline{6}$ %	$3,\overline{3}$ %

3

a	b	c	a · b + c	(a : b) · c	a · (c − b)
75 %	0,3	$\frac{1}{6}$	❶ $\frac{47}{120}$	❷ $\frac{5}{12}$	❸ $-\frac{1}{10}$
0,44	$\frac{1}{10}$	2,7	❹ 2,744	❺ 11,88	❻ 1,144
$-\frac{1}{3}$	0,6	5 %	❼ $-\frac{3}{20}$	❽ $-\frac{1}{36}$	❾ $\frac{11}{60}$

❶ $75\,\% \cdot 0{,}3 + \frac{1}{6} = \frac{3}{4} \cdot \frac{3}{10} + \frac{1}{6} = \frac{9}{40} + \frac{1}{6} = \frac{27+20}{120} = \frac{47}{120}$

❷ $(75\,\% : 0{,}3) \cdot \frac{1}{6} = \left(\frac{3}{4} : \frac{3}{10}\right) \cdot \frac{1}{6} = \left(\frac{\cancel{3}^{1}}{\cancel{4}_{2}} \cdot \frac{\cancel{10}^{5}}{\cancel{3}_{1}}\right) \cdot \frac{1}{6} = \frac{5}{2} \cdot \frac{1}{6} = \frac{5}{12}$

❸ $75\,\% \cdot \left(\frac{1}{6} - 0{,}3\right) = \frac{3}{4} \cdot \left(\frac{1}{6} - \frac{3}{10}\right) = \frac{3}{4} \cdot \left(\frac{5-9}{30}\right) = \frac{\cancel{3}^{1}}{\cancel{4}_{1}} \cdot \left(-\frac{\cancel{4}^{1}}{\cancel{30}_{10}}\right) = -\frac{1}{10}$

❹ $0{,}44 \cdot \frac{1}{10} + 2{,}7 = 0{,}44 \cdot 0{,}1 + 2{,}7 = 0{,}044 + 2{,}700 = 2{,}744$

❺ $\left(0{,}44 : \frac{1}{10}\right) \cdot 2{,}7 = (0{,}44 : 0{,}1) \cdot 2{,}7 = 4{,}4 \cdot 2{,}7 = 11{,}88$

$$\begin{array}{r} 44 \cdot 27 \\ \hline 88 \\ 308 \\ {}^{1} \\ \hline 1188 \end{array}$$

❻ $0{,}44 \cdot \left(2{,}7 - \frac{1}{10}\right) = 0{,}44 \cdot (2{,}7 - 0{,}1) = 0{,}44 \cdot 2{,}6 = 1{,}144$

$$\begin{array}{r} 44 \cdot 26 \\ \hline 88 \\ 264 \\ {}^{1\,1} \\ \hline 1144 \end{array}$$

❼ $-\frac{1}{3} \cdot 0{,}6 + 5\,\% = -\frac{1}{\cancel{3}_{1}} \cdot \frac{\cancel{6}^{2}}{10} + \frac{1}{20} = -\frac{2}{10} + \frac{1}{20} = -\frac{4}{20} + \frac{1}{20} = -\frac{3}{20}$

❽ $\left(-\frac{1}{3} : 0{,}6\right) \cdot 5\,\% = \left(-\frac{1}{3} : \frac{6}{10}\right) \cdot \frac{1}{20} = \left(-\frac{1}{3} \cdot \frac{\cancel{10}^{5}}{\cancel{6}_{3}}\right) \cdot \frac{1}{20} = -\frac{\cancel{5}^{1}}{9} \cdot \frac{1}{\cancel{20}_{4}} = -\frac{1}{36}$

❾ $-\frac{1}{3} \cdot (5\,\% - 0{,}6) = -\frac{1}{3} \cdot \left(\frac{1}{20} - \frac{6}{10}\right) = -\frac{1}{3} \cdot \left(\frac{1}{20} - \frac{12}{20}\right) = -\frac{1}{3} \cdot \left(-\frac{11}{20}\right) = \frac{11}{60}$

Bildnachweis

Umschlagbild: © Mehmet Salih Guler

Seite 1: Limette: © Paul Bodea – sxc.hu; Wecker: © Moniquemk – Fotolia.com; Prozent: © Svilen Milev – sxc.hu, www.efffective.com
Seite 2: Milchglas: © Markus Mainka – Fotolia.com
Seite 3: Schokolade: © Kati Molin – Fotolia.com
Seite 5: Kuchen: © Barbara Foxall / istockphoto.com
Seite 6: Block: © Pieter Beens – sxc.hu
Seite 7: Löffel: © Okea — Fotolia.com
Seite 8: Äpfel: © Bernd Kröger – Fotolia.com; Kokosnuss: © Malyshchyts Viktar – Fotolia.com; Uhr: © PRCreativeTeam – Fotolia.com
Seite 9: Klötze: © HABA; Cursor: © JiSIGN – Fotolia.com
Seite 12: Orange: © Roman Samohin / Dreamstime.com
Seite 17: Domino: © Bernd Wiedemann
Seite 18: Bambusrahmen: © imagophotodesign – Fotolia.com; Bambusschild: © Anna – Fotolia.com
Seite 19: Puzzleball links: © Maksym Yemelyanov – Fotolia.com; Puzzleball rechts: © Sashkin – Fotolia.com
Seite 20: Notizzettel: © Olivier Le Moal / Dreamstime.com
Seite 22: Kegel: © Vincent Giordano / Dreamstime.com; Bowlingkugel: © JENS – Fotolia.com
Seite 23: Pad: © Natalia Siverina / Dreamstime.com
Seite 24: Baum: © drubig-photo – Fotolia.com; Christbaumkugel: © Marcello Terraza / www.sxc.hu
Seite 27: Pyramide: © Bernd Wiedemann
Seite 28: Torte: © Backen. Gräfe und Unzer Verlag, München 1990 (S. 92)
Seite 30: Erdbeeren: © Michelle Robek / Dreamstime.com
Seite 36: Klopapier: © Nailia Schwarz – Fotolia.com
Seite 37: Schokolade: © Kati Molin – Fotolia.com
Seite 39: Pyramide: © 3ddock – Fotolia.com; Rettungsring: © agentur2728.de – Fotolia.com; Boot: © Marina Ignatova – Fotolia.com
Seite 40: Rettungsweste: © koosen – Fotolia.com
Seite 41: Saft: © Can Stock Photo Inc. / monticello
Seite 43: Messbecher: © Stark Verlag
Seite 44: Mädchen: © Wacpan / Dreamstime.com; LKW: © Invictus999 / Dreamstime.com; Athlet: © Stefan Schurr – Fotolia.com
Seite 45: Gewichte: © Vlad Ivantcov – Fotolia.com
Seite 46: Schlagsahne: © Andechser Molkerei Scheitz; Tacker: © babimu / Fotolia.com; Fahrrad: © Yap Hong Chan / Dreamstime.com; Jeans: © FXBerlin – Fotolia.com; Gummistiefel: © www.sxc.hu
Seite 47: Stift: © Yuri Bershadsky / Dreamstime.com
Seite 48: Lineal: © Felix Pergande – Fotolia.com
Seite 50: Kinder: © WavebreakmediaMicro – Fotolia.com; Klemmbrett: © Mflippo / Dreamstime.com
Seite 51: Modellautos: © L.Klauser – Fotolia.com
Seite 52: Schaf: © HitToon.com – Fotolia.com
Seite 53: Schlittschuhe: © Olga Lupol / Dreamstime.com
Seite 59: Waage: © Stark Verlag; Goldklumpen: © Can Stock Photo Inc. / alexfiodorov; Messzylinder: © Alsos / Dreamstime.com
Seite 60: Skater: © Jonn Rübcke, Hamburg; Notizblock: © ilco / www.sxc.hu
Seite 62: Äpfel: © Adam Radosavljevic – Fotolia.com
Seite 64: Mädchen: © Martinmark / Dreamstime.com; Block: © Davide Guglielmo / www.sxc.hu
Seite 65: Briefumschläge: © gena96 – Fotolia.com
Seite 66: Orangensaft: © Stark Verlag; Lauch: © Morten Strunge / www.sxc.hu; Eier: © John Evans / www.sxc.hu; Muffin: © Vladimir / Dreamstime.com
Seite 68: Rutsche: Fotograf: Peng, https://commons.wikimedia.org/wiki/File:Rutschbahn1.jpg?uselang=de. Lizenziert gem. CC BY-SA 3.0; Allee: Fotograf: Hofres, http://commons.wikimedia.org/wiki/File:All%C3%A9_i_n%C3%A4rheten_av_%C3%B6vedskloster.JPG?uselang=de. Lizenziert gem. CC BY-SA 2.0 DE; Pflastersteinfläche: © Nature and Science, Vaduz
Seite 71: Roboter: © Bernd Wiedemann
Seite 73: Aquarium: © Marion Augenstern
Seite 74: Waage: © Bernd Wiedemann
Seite 76: Junge: © Wolfgang Amri / Dreamstime.com

Ihre Meinung ist uns wichtig!

Ihre Anregungen sind uns immer willkommen. Bitte informieren Sie uns mit diesem Schein über Ihre Verbesserungsvorschläge!

Titel-Nr.	Seite	Vorschlag

Bitte hier abtrennen

Zutreffendes bitte ankreuzen!

Die Absenderin/der Absender ist:

- ☐ Lehrer/in in den Klassenstufen: ____________
- ☐ Fachbetreuer/in
  Fächer: ____________
- ☐ Seminarlehrer/in
  Fächer: ____________
- ☐ Regierungsfachberater/in
  Fächer: ____________
- ☐ Oberstufenbetreuer/in
- ☐ Schulleiter/in
- ☐ Referendar/in, Termin 2. Staatsexamen: ____________
- ☐ Leiter/in Lehrerbibliothek
- ☐ Leiter/in Schülerbibliothek
- ☐ Sekretariat
- ☐ Eltern
- ☐ Schüler/in, Klasse: ____________
- ☐ Sonstiges: ____________

Unterrichtsfächer: (Bei Lehrkräften!)

____

Kennen Sie Ihre Kundennummer?
Bitte hier eintragen.

Absender (Bitte in Druckbuchstaben!)

Name/Vorname

Straße/Nr.

PLZ/Ort/Ortsteil

Telefon privat

Geburtsjahr

E-Mail

Schule/Schulstempel (Bitte immer angeben!)

STARK Verlag
Postfach 1852
85318 Freising

Bitte ausfüllen und im frankierten Umschlag an uns einsenden. Für Fensterkuverts geeignet.

23_V1M

(Bitte blättern Sie um)

Englisch Grundwissen

Englisch 5. Klasse mit MP3-CD Lesen · Schreiben · Hören · Wortschatz	Best.-Nr. 90516
Englisch Grammatik 5. Klasse	Best.-Nr. 90505
Englisch 6 Klasse mit MP3-CD Lesen · Schreiben · Hören · Wortschatz	Best.-Nr. 90533
Englisch Grammatik 6. Klasse	Best.-Nr. 90506
Englisch Grammatik 7. Klasse	Best.-Nr. 90507
Hörverstehen 7. Klasse mit CD	Best.-Nr. 90513
Englisch Grammatik 8. Klasse	Best.-Nr. 90508
Leseverstehen 8. Klasse	Best.-Nr. 90522
Englisch Grammatik 9. Klasse	Best.-Nr. 90509
Englisch Grammatik 10. Klasse	Best.-Nr. 90510
Textproduktion 9./10. Klasse	Best.-Nr. 90541
Wortschatzübung Mittelstufe	Best.-Nr. 90520
Englisch Übertritt in die Oberstufe	Best.-Nr. 82453

Englisch – Klassenarbeiten

Klassenarbeiten Englisch 5. Kl. mit Audio-CD	Best.-Nr. 905053
Klassenarbeiten Englisch 6. Kl. mit Audio-CD	Best.-Nr. 905063
Klassenarbeiten Englisch 7. Kl. mit Audio-CD	Best.-Nr. 905073
Klassenarbeiten Englisch 8. Klasse mit MP3-CD	Best.-Nr. 104681
Klassenarbeiten Englisch 9. Klasse mit MP3-CD	Best.-Nr. 105093
Klassenarbeiten Englisch 10. Klasse mit MP3-CD	Best.-Nr. 104611

Englisch Kompakt-Wissen

Kompakt-Wissen Kurzgrammatik	Best.-Nr. 90461
Kompakt-Wissen Grundwortschatz	Best.-Nr. 90464 (eBook)

Sprachenzertifikat · DELF

Sprachenzertifikat Englisch Niveau A 2 mit Audio-CD	Best.-Nr. 105552
Sprachenzertifikat Englisch Niveau B 1 mit Audio-CD	Best.-Nr. 105550
Sprachenzertifikat Französisch DELF B1 mit MP3-CD	Best.-Nr. 105530

Französisch

Französisch im 1. Lernjahr	Best.-Nr. 905502
Französisch im 2. Lernjahr	Best.-Nr. 905503
Französisch im 3. Lernjahr	Best.-Nr. 905504
Französisch im 4. Lernjahr	Best.-Nr. 905505
Wortschatzübung Mittelstufe	Best.-Nr. 94510
Kompakt-Wissen Grundwortschatz	Best.-Nr. 905001

Latein

Latein I/II im 1. Lernjahr 5./6. Klasse	Best.-Nr. 906051
Latein I/II im 2. Lernjahr 6./7. Klasse	Best.-Nr. 906061
Latein I/II im 3. Lernjahr 7./8. Klasse	Best.-Nr. 906071
Übersetzung im 1. Lektürejahr	Best.-Nr. 906091
Übersetzung im 2. Lektürejahr	Best.-Nr. 906092
Wiederholung Grammatik	Best.-Nr. 94601
Wortkunde	Best.-Nr. 94603
Kompakt-Wissen Kurzgrammatik	Best.-Nr. 906011 (eBook)
Kompakt-Wissen Sachwissen zum Lateinunterricht	Best.-Nr. 906012 (eBook)

Spanisch

Spanisch im 1. Lernjahr	Best.-Nr. 905401
Spanisch im 2. Lernjahr	Best.-Nr. 905402
Kompakt-Wissen Grundwortschatz	Best.-Nr. 945402

Natürlich führen wir noch mehr Titel für alle Fächer und Stufen: Alle Informationen unter **www.stark-verlag.de**

Alle so gekennzeichneten Titel sind auch als eBook über **www.stark-verlag.de** erhältlich.

Bestellungen bitte direkt an:
STARK Verlagsgesellschaft mbH & Co. KG · Postfach 1852 · 85318 Freising
Tel. 0180 3 179000* · Fax 0180 3 179001* · www.stark-verlag.de · info@stark-verlag.de
*9 Cent pro Min. aus dem deutschen Festnetz, Mobilfunk bis 42 Cent pro Min. Aus dem Mobilfunknetz wählen Sie die Festnetznummer: 08167 9573-0

Lernen · Wissen · Zukunft
STARK

23_VIM